U0489061

大益茶典

主编 吴坤雄

YNK 云南科技出版社
·昆明·

图书在版编目（CIP）数据

贰零贰叁大益茶典 / 吴坤雄主编 . -- 昆明 : 云南科技出版社 , 2024. 8. -- ISBN 978-7-5587-5863-8

Ⅰ. TS971.21

中国国家版本馆 CIP 数据核字第 2024UR5408 号

贰零贰叁大益茶典

ER LING ER SAN DAYI CHADIAN

主　　编　吴坤雄
执行主编　徐慧慧

出 版 人：温　翔
责任编辑：吴　涯　张翟贤
版式设计：木束文化
责任校对：孙玮贤
责任印制：蒋丽芬

书　　号：ISBN 978-7-5587-5863-8
印　　刷：昆明美林彩印包装有限公司
开　　本：889mm×1194mm　1/16
印　　张：15
字　　数：280 千字
版　　次：2024 年 8 月第 1 版
印　　次：2024 年 8 月第 1 次印刷
定　　价：580.00 元

出版发行：云南科技出版社
地　　址：昆明市环城西路 609 号
电　　话：0871-64190978

序　言

茶香书香，韵味悠长

徐　学

自古以来，茶与书就是亲密的伴侣，在人们生活中扮演着不可或缺的角色。尤其对于中国文人来说，茶和书，有如良师益友，同为心灵的调和剂，共同滋养着人们的身心。

书，是知识的海洋、智慧的结晶，也是文明的象征。读书不仅可以获取知识，陶冶情操，更能涤荡人的灵魂，能够阔达胸襟，平和心态，修养性情。“腹有诗书气自华”，所以先贤倡导要善于从喧嚣尘世中抽身退出，建立常规的读书生活，通过读书改变自己的气质与品格。大益茶道弟子规里，也有一条“余时学文”，倡导茶人多读书提升文化素养。

茶，钟山川之灵禀，得天地之和气，品行高洁，自然淳真。韦应物《喜园中茶生》诗云：“洁性不可污，为饮涤尘烦。”颜真卿《五言月夜啜茶联句》中所说，“流华净肌骨，疏瀹涤心原。”茶是健康之饮，也是唯美之饮，艺术之饮，也是哲思之饮，可以醒脑、提神，让人振奋、专注，身心受益，可品可饮，可艺可入道。

唐代刘贞亮在《茶十德》中曾将饮茶功德归纳为十项：“以茶散闷气，以茶驱腥气，以茶养生气，以茶除晦气，以茶利礼仁，以茶表敬意，以茶尝滋味，以茶养身体，以茶可雅志，以茶可行道。”

于是，茶香蕴书香，书香添茶香。一年四季，春夏秋冬，四季皆可饮茶，四季皆可读书。屠隆《茶说》载：“若明窗净几，花喷柳舒，饮于春也。凉亭水阁，松风萝月，饮于夏也。金风玉露，蕉畔桐阴，饮于秋也。暖阁红垆，梅开雪积，饮于冬也。”

夜深人静，万籁俱寂之时，独坐窗前翻阅书籍。当我们步入书中的世界，与李白、杜甫神游，与白居易、欧阳修交往，便进入一种浑然忘我的境界。仿佛整个人都沉浸在古人的字句段章之中，流连忘返。而此时最美的陪伴，莫过于一杯好茶。

在有限的生命里创造无尽的韵味，这便是中国文人独有的雅与美。苏东坡说，“人间有味是清欢”。这种文人的清雅与清欢，虽不浓烈，却依然灿烂无比，弥漫悠长。罗禀在《茶解》中描述了此中幽趣：“山堂夜坐，手烹香茗，至水火相战，俨听松涛。倾泻入瓯，云光飘渺。一段幽趣，故难于俗人言。”

品茶与读书，都可帮助我们体悟人生。书和茶，在某种意义上，都是一种媒介，一种方法，最终目的是让我们明白生活中的道理。品茗悟道，是通过茶事活动来体悟生命真谛的过程，表现为回甘体验，茶事审美到生命体悟三个层次。而文以明道、文以载道，则是通过书籍中的故事和人物，让人们更加深刻地理解了生活的意义和价值，从而生发对于真善美的无上向往。

开卷有益，品茗亦有益。老舍先生曾言：“有一杯好茶，我便能万物静观皆自得。”鲁迅先生也说：“有好茶喝，会喝好茶，是一种清福。”一书一茶，一日一光阴，物质与精神交融，平凡的生命由此而变得充实，朴素的人生也会变得丰盈，变得厚实。

人生短暂，恍若白驹过隙；最重要的，就是做一些有意义、有价值的事情。在有限的人生中活出生命的深度和广度，放出美丽的光芒。在大益茶道里，我们称之为“益”。益是众利之汇。如果说，自己受益还是小益，那么，能够对国家、民族、社会有意义、有贡献，则堪称“大益”。

自 2005 年以来，大益集团每年都会出版一本精装版的《大益茶典》。这本书，是由大益馆馆长、大益功勋人物吴坤雄先生发起并编纂至今。对当年集团发生的主要事迹，生产的主要茶品、茶器，茶人感悟等进行汇编，是集人、茶、器、事于一体的一本全面系统的资料工具书。

近二十本的大益茶典系列，是大益集团转型后发展历程的见证者。二十年间，大益集团从云南边陲濒临倒闭的小茶企成长为首屈一指的茶界龙头，是集生产、种植、加工、营销、科技、文化于一体的全产业链企业。大益转型后的历史，无疑是令人自豪的，这是同心同德、群策群力的历史，是迎难而上、奋发图强的历史，是传承文化、继往开来的历史，也是崇尚科技、开拓创新的历史。

今天，不同阵线上的大益人在张亚峰董事长的带领下，为实现大益走向世界、服务全球，成为中国的百年品牌，成为“世界级的中国茶业品牌”的奋斗目标而努力。

一份事业，最为难能可贵的，是有始有终、持之以恒的精神。如果说，茶道是茶人的职业信仰，那么，大益茶人，始终信奉一种长期主义。在时光中沉淀价值，在岁月中升华品格。这是一种精神，也是一种信念。

可见，一饼又一饼的大益茶，一本又一本的大益茶典，都是大益茶人心血的凝结。日复一日，年复一年，不断叙述着大益的探索与创造，经典与传奇，不断诠释着大益的精神与文化。

大益集团是一个有故事、有格局、有底蕴、有担当的企业。自诞生以来，历经八十多年的历史，勐海茶厂经历过辉煌灿烂、红极一时，也经历过失意没落、捉襟见肘，但在历史的风云变幻中，她一步一个脚印，始终闪耀着光芒。

勐海茶厂的历史，也是不断创造经典、超越经典的历史。在良好的生态环境中，勐海茶厂生产了无数经典茶品，从经典系列到臻品系列，从皇茶系列到大师系列，如群星闪耀般绚烂了整个普洱茶历史，成为无数茶人心中的珍品。2023 年，大益茶产品序列中又增添了新的成员，除了 7542、7572 外，还有宝兔迎财、印象版纳、南国秋韵、金刚等等。

近年来，大益爱心基金会启动了大益乡村振兴项目，计划在未来四至五年时间，投入不低于 5000 万元，帮助茶农改造住房及生活条件，促进乡村振兴，助力边疆高质量发展。目前总计为 142 户勐海茶农改善了居住环境。新居交付的背后，是茶农幸福生活的开始。

大益，不仅是普洱茶的代表，其实是一种以茶为媒的生活方式，一种健康、优雅、和谐、美好生活的代表。茶，可以与琴、棋、书、画、诗、曲一起，构建现代人的精神家园。以惜茶爱人为核心，大益的事业，是生活、生意、生命的“三位一体”，也是茶产品、茶水服务与茶道文化的“三位一体”。

在新时代，大益茶人，不再是只会做茶、卖茶的人，而是有文化、有理想、有情怀、有追求的茶人。而大益茶人身上始终有一种精神，一种风范。正如张亚峰董事长所总结的：

“大益，是茶的名字，是茶人的毕生追求，也是茶道的全部内涵。大益之大，不仅在于品牌与规模，更在于格局与境界，在于益己益人、益家益国、益天下的伟大情怀。大益精神，就是勇担责任的担当精神、坚韧不拔的拼搏精神、先苦后甜的奉献精神、精益求精的匠心精神、锐意进取的创新精神。这种精神，是大益集团宝贵的精神财富，也是我们前行的动力之源！”

大益的精神与文化，是鲜活的、充满生机的、富有内涵的。它们存在于每一饼茶，每一本大益茶典，深沉蕴藉，历久弥新，值得我们细细品味、品读。

目录

大事篇

茶人篇

茶品篇

传统渠道产品

益友会产品

目录

大益茶庭产品

大益膳房产品

目录

微生物公司产品

茶器篇

茶性篇

大事篇

DA SHI PIAN

2023 大益集团大事记

大益四核心公司贯标成功！知识产权赋能茶产业高质量发展

在第23个世界产权日到来之际，云南大益茶业集团旗下——云南大益微生物技术有限公司、勐海茶业有限责任公司、勐海茶厂、东莞市大益茶业科技有限公司先后通过知识产权管理体系认证。

知识产权管理体系认证证书

证书号码：165IP220536R0S

兹证明

云南大益微生物技术有限公司

注册地址：云南省滇中新区大板桥街道云水路1号A17栋301

经营地址：云南省昆明市经济技术开发区经牛路7号

知识产权管理体系符合标准：

GB/T29490-2013

通过认证的范围如下：

普洱熟茶、茶固体饮料、茶饮料研发的知识产权管理

注：认证注册范围不包括未获得有效的国家规定的相关行政许可、资质许可的产品/服务范围

初次发证日期：2022年05月24日　有效期至：2025年05月23日

本证书持有者的管理体系持续符合上述标准的运行条件下，证书有效期为三年，证书有效性通过年度监督确认保持。证书有效信息可登陆国家认证认可监督委员会官方网站 www.cnca.gov.cn 或中知（北京）认证有限公司官方网站查询。

签发：

本次发证日期：2022年05月24日

中知认证

中知（北京）认证有限公司

地址：北京市海淀区花园路5号133幢3层302室（100088）

http://www.zzbjrz.com

知识产权管理体系认证证书

[证书编号] 18123IP0067R0M

兹证明

勐海茶业有限责任公司

统一社会信用代码：91532822218612624O

注册地址：云南省西双版纳州勐海县勐海镇茶厂路9号
审核地址：云南省西双版纳州勐海县勐海镇茶厂路9号

知识产权管理体系符合标准：GB/T29490-2013

通过认证范围：

茶叶及系列产品的研发、生产（委外）、销售、上述过程相关采购的知识产权管理。

注：认证范围不包括未获得有效的国家规定的相关行政许可、资质许可的产品/服务范围。
首次发证日期：2023年03月13日 本次发证日期：2023年03月13日 有效期至：2026年03月12日
本证书需经颁证机构年度监督审核，并与年度监督审核合格通知书一并使用方可确认其有效性。

签发：

中规认证

中规（北京）认证有限公司

注册地址：北京市海淀区高梁桥斜街11号11层1105室（100044）

Tel：010-82102168；Web：www.zgrzbj.com

本证书信息可在中国国家认证认可监督管理委员会官方网站（www.cnca.gov.cn）查询

知识产权管理体系认证证书

[证书编号] 18123IP0069R0S

兹证明

勐海茶厂（普通合伙）

统一社会信用代码：91532822218610040XH

注册地址：云南省西双版纳州勐海县勐海镇新茶路1号
审核地址：云南省西双版纳州勐海县勐海镇新茶路1号

知识产权管理体系符合标准：GB/T29490-2013

通过认证范围：

茶叶的生产、上述过程相关采购的知识产权管理。

注：认证范围不包括未获得有效的国家规定的相关行政许可、资质许可的产品/服务范围。
首次发证日期：2023年03月14日 本次发证日期：2023年03月14日 有效期至：2026年03月13日
本证书需经颁证机构年度监督审核，并与年度监督审核合格通知书一并使用方可确认其有效性。

签发：

中规认证

中规（北京）认证有限公司

注册地址：北京市海淀区高梁桥斜街11号11层1105室（100044）

Tel：010-82102168；Web：www.zgrzbj.com

本证书信息可在中国国家认证认可监督管理委员会官方网站（www.cnca.gov.cn）查询

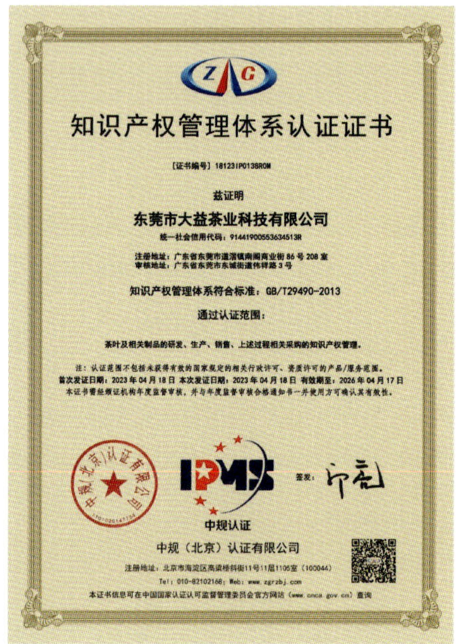

知识产权管理体系认证证书

[证书编号] 18123IP0138R0M

兹证明

东莞市大益茶业科技有限公司

统一社会信用代码：91441900553634513R

注册地址：广东省东莞市道滘镇南阁商业街86号208室
审核地址：广东省东莞市东城街道伟祥路3号

知识产权管理体系符合标准：GB/T29490-2013

通过认证范围：

茶叶及相关制品的研发、生产、销售、上述过程相关采购的知识产权管理。

注：认证范围不包括未获得有效的国家规定的相关行政许可、资质许可的产品/服务范围。
首次发证日期：2023年04月18日 本次发证日期：2023年04月18日 有效期至：2026年04月17日
本证书需经颁证机构年度监督审核，并与年度监督审核合格通知书一并使用方可确认其有效性。

签发：

中规认证

中规（北京）认证有限公司

注册地址：北京市海淀区高梁桥斜街11号11层1105室（100044）

Tel：010-82102168；Web：www.zgrzbj.com

本证书信息可在中国国家认证认可监督管理委员会官方网站（www.cnca.gov.cn）查询

近年来，大益集团坚持“创新驱动发展”战略，积极开拓创新，着力提升科技创新能力，增强自主研发能力，在科技创新道路上不断攻关，目前拥有有效授权专利175项，其中发明专利47项，实用新型专利25项，外观专利103项；拥有著作权92项、有效商标1161项，其中国内商标815件、国外商标346件。保护对象涉及品牌、产品工艺、设备设施、创意设计等。

捡剔流水线

自动压饼生产线

以勐海茶厂自主研发的“捡剔流水线毛发剔除装置”为例，该装置于2020年申报专利成功，该装置在全行业内推广使用的同时，曾荣获云南省职工创新奖三等奖。毛发剔除装置的运用很大程度上保证了原料的洁净度、降低人工拣剔难度的同时，也降低了毛茶原料的造碎、较好提升产品品质。

大益的创新，不仅仅是一味追求顶尖，藏在背后更多的是企业的情怀与担当。近年，人工捡剔流水线、有大数据储备的质选机、数字化集群烘房、自动压饼中式线的先后投入运营，也在节能减排、数字赋能、提质增效、绿色发展等方面起到促进作用。如今，在大益的领跑下，整个行业已经实现标准化、尝试国际化、布局数字化……

静电除杂设备

为强化知识产权管理和保护能力，提高企业核心竞争力，大益于去年成立了“知识产权管理体系贯标认证”领导小组，对集团及相关主要知识产权输出主体进行梳理。经过层层审批，耗时数月，四核心公司先后获得《知识产权管理体系认证证书》，品牌“护城河”规模已初步形成。

传统产品（少部分）

贯标成功可谓是裨益多多，以专利为例，专利产品可以排除竞争对手的模仿和复制，提高专利产品在相关产品市场中的市场份额；通过强化企业知识产权维护能力，促使企业的知识产权管理规范化、系统化和明细化，企业拥有的知识产权不断保值、增值，无形资产价值不断增加。

大益集团四核心公司此次知识产权管理体系的认证成功，将产品优势转化为品牌优势，进而升华成为产业优势，为打造国茶品牌添砖加瓦。

今后，大益将继续遵循知识产权管理体系，传承科研创新精神，从企业知识产权管理模式、实施手段、保障措施等方面进一步优化提升知识产权获取、维护、转化和保护能力，稳步提升公司的核心竞争力和行业影响力，从而为消费者提供更加高效、安全、可靠的产品及服务。

益原素家族

大益为云南茶企高质量发展代言

5月10日上午，以“中国品牌，世界共享”为主题的第七个中国品牌日在上海世博展览馆开幕，现场汇聚了900余家地方遴选品牌企业和38家中央企业。云南白药、大益茶、苗乡三七等40家云南企业代表参展，以“线上＋线下”相结合的形式向各界展示云南品牌形象。

大益茶荣获“大众喜爱的中国茶企品牌”，普洱茶位列“中国名茶品牌传播力指数”第二。

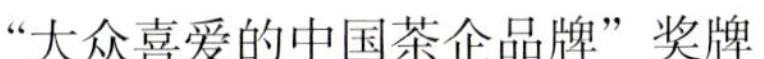

“大众喜爱的中国茶企品牌”奖牌

“‘中国名茶品牌传播力指数’入围品牌”奖牌

此次品牌日活动将持续至5月14日。以“象往云南”为主题的云南馆，重点打造了乡村振兴、产业发展和健康生活三个板块，位于上海世博展览中心2号馆。此次参展的40家云南知名企业明星产品皆汇聚馆内，其中大益展出的产品包括传统茶、快销茶、益原素等品类，数量逾30款，吸引了来自各地的众多消费者前往品饮、咨询。

展会现场（一）

品牌是质量、技术、信誉和文化的重要载体，是推动经济高质量发展、提升国际竞争力的核心要素之一。大益作为“农业产业化国家重点企业”，积极响应国家号召，以创新求变的品牌思维，开拓市场，探索行业发展新路，为普洱茶产业规模化、标准化、科技化发展不余遗力。

大益集团的核心企业勐海茶厂，创始于 1940 年。经过 83 载的砥砺与传承，发展成为国内领先的现代化大型茶业集团，并成功塑造了享誉业界的“大益”这一明星品牌，引领茶行业迈向更高效、更有序、高质量、可持续的发展之路。

通过茶产业、茶文化、茶科技三者融合，成为当代普洱茶产业的缔造者、普洱茶价值标准的制定者、经典普洱茶配方的拥有者、全球微生物制茶工艺的发明者、OTCA 普洱茶价值的定义者。多年来，大益人持之以恒，先后荣获中华老字号、中国驰名商标、优强民营企业、科技创新企业、中国名牌农产品、农业产业化国家重点企业等荣誉和称号。

多年来，大益秉承一心只为做好茶初心的同时，坚持“科技创新”“产业创新”“文化创新”三重并驾齐驱，从基础研究、工艺改革、产品创新、人才储备等方面逐步推进工业化创新改革，发挥产业龙头的示范作用。

历经十年科研，大益微生物技术有限公司于 2016 年成功创制“第三代智能发酵技术”即微生物制茶法，并采用该制茶法成功研制出新一代科技含茶健康品“益原素”，陆续推出益原素 A 方、B 方、U 方，它们分别对降糖、助消化、降尿酸等健康问题有着显著作用，三款产品不仅是年轻消费者酷爱的饮品，也是千家万户健康品饮、便捷饮茶的新选择。

展会现场（二）

展会现场（三）

近年，由大益自主创新研发的各类智能设备在勐海茶厂投入使用，这些持续化的改革，使得大益产品的标准化生产、清洁化生产、科技化含量再上新台阶，与此同时，也大大降低了各生产环节工人的劳动强度，对提质增效、节能减排均有显著效果。

活动开幕第一天，大益茶便在2023年中国茶品牌建设论坛中，斩获“大众喜爱的中国茶企品牌”，普洱茶成为“中国名茶品牌传播力指数”入围品牌、大益代表行业领奖。这展现的不仅是消费者对大益茶产品的喜爱与认可，更是各界对“大益”这一品牌的创新力、生命力、以及品牌价值的高度信任与赞扬。

大益集团营销中心执委会委员彭光胜在论坛发言

大益集团营销中心执委会委员彭光胜在论坛发言中说到，品牌建设的最终指向就是消费者，我们的品牌地位是由消费者心目中的位置决定的，为此大益于2015年成立了益友的精神家园——大益益友会，并通过丰富多彩的活动让大家得以凝聚在一起。品牌是否能够拥有长久的生命力，还在于是否有一个立体、多维的品牌模式。多年来，大益以消费者的品饮需求、健康需求、社会交往需求、情感需求等物质和精神双层面的需求为中心，力争将茶产业、茶文化、茶科技三方面做实做强。

展会现场（四）

一路走来，“创新”贯穿着大益的每一环节。从传统茶到快销茶，再到益原素健康新饮，“大益”品牌的厚度不断通过产品的科技研发与创新能力体现出来。希望在未来的发展中，每一个茶叶品牌，都能够“永葆青春”，通过持续不断的创新，引领新消费发展趋势，助推中国品牌走向世界。

垂范先行，“大益普洱茶文化馆”成为云南省社科普及示范基地

近日，经各州（市）社科联、高校社科联、省级有关单位推荐申报，组织专家评审、社会公示，经省社科联批准，“大益普洱茶文化馆”被正式命名为云南省社会科学普及示范基地。

“大益普洱茶文化馆”，即“大益馆”，是目前云南省唯一一家省级茶企科普基地，被广大爱茶人列为有生之年必打卡点。位于茶源圣地西双版纳傣族自治州勐海县勐海茶厂核心区域，每年到访嘉宾及茶友络绎不绝，通过参观“大益普洱茶文化馆”，向他们普及中国茶文化知识，积极推广普洱茶文化。

足迹厅

“大益普洱茶文化馆”主要由“六厅两阁”组成，六厅包含介绍普洱茶基础知识及普洱茶发展历程的足迹厅、传播“惜茶爱人”大益茶道宗旨的茶圣厅、展示大益集团荣誉的茶人尊严厅。以及展示大益爱心基金会十余年来爱心公益事业的爱心厅，集合了格调高雅、高度融合现代审美茶事器具的益工坊厅，揭秘科技普洱、探索人类健康新可能的奥秘厅；两阁包括藏书阁和藏茶阁，其中不仅收录、展示了诸多茶道文化、文学书籍，还收藏着自勐海茶厂建厂以来4000多款影响深远、颇负盛名的茶品及相关配方。

茶人尊严厅

爱心厅

总的来讲，“大益普洱茶文化馆”是依托勐海茶厂为背景，以茶厂80余年发展历程为主线，结合一个个生动、鲜活的人物、先进典型事例，来介绍中国普洱茶发展历史、普洱茶制作技艺、普洱茶文化、普洱茶价值。通过讲解员一次次生动的讲述，将茶赋予了全新的艺术生命，徜徉其中不仅能够了解专业的茶知识，还能领略到一代又一代老茶人爱国、爱岗的艰苦卓绝奋斗精神。

另一方面，大益近年来在传承“大益普洱茶制作技艺”的基础上，不断创新、不断追加投入，努力拓宽科技普洱新路径。成功创制第三代发酵技术（微生物制茶法），并采用该技术研发出新一代科技茶品“益原素”，为千家万户提供健康新饮新选择。

2019年，大益在勐海茶厂打造全球首个普洱茶+数字科技体验馆——“奥秘厅”，通过AR、VR等现代科技，让茶人益友身临其境体验“科技普洱”大有可为，激发大众对新时代健康的新追求。

奥秘厅

藏茶阁

据云南省社会科学界联合会通知，此次申报对象为依托教学科研院所、企事业单位、街道社区建立并自主运作的，具有较强示范、带动、辐射作用的实体机构或组织。

公布结果显示，一同入选的省级科普示范基地包括了云南文学艺术馆、哈尼梯田文化博物馆、滇池保护治理科普中心等20个公共文化场馆、教育科研机构、旅游景区。

勐海茶厂是大益集团之核心企业，其创始于1940年，是我国最早成立的机械化、专业化制茶企业，被业内人士不断推崇的普洱茶名品皆诞生于此，“大益”品牌享誉全球。

藏书阁

益工坊厅

多年来，大益普洱茶文化馆对外开放，以免费参观、学习、交流为主，并通过不定期举办茶会，知识竞赛、公益奉茶、名师讲座等多种形式的活动，免费向茶人益友、大中小学校师生、外国友人传播普洱茶知识，帮助大家提升职业技能、了解行业前沿科技。

茶圣厅

一直以来，大益普洱茶文化馆以茶文化科普为核心，以科技创新为导向，以大众关切为主题，开发创作了形式多样的科普作品，组建了专业能力素质过硬的科普团队。通过对外的科普宣传，让“大益”这个中华老字号焕发出新的生机。大益茶成为了中国传统文化的重要内容与历史见证，这也为民族品牌的形成及人类非物质文化遗产的构建作出积极贡献。

春光烂漫、繁花盛开、茶香芬芳，让我们一路向南，走进勐海茶厂，共享一杯好茶的美好时光。

大益与深圳报业集团强强联手，签署战略协议

8 月 25 日，云南大益集团与深圳报业集团战略合作协议签约仪式在深圳举行。

大益集团与深圳报业集团因“茶”结缘，签署战略合作协议。双方强强联手，将通过“媒体 + 公益 + 茶文化”深度融合，努力在深圳建设中国茶文化传承、弘扬、辐射的桥头堡，共同推进具有“深圳特色、大湾区品质”的茶文化、茶产业、茶科技新格局。

签约仪式现场

本次活动由深圳商报 / 读创承办，现场见证此次签约仪式的除了两大集团相关负责人，还有来自粤港澳大湾区、深圳各区的茶业公司代表。

一直以来，粤港澳大湾区有着浓厚的普洱茶品饮及收藏氛围，大益茶更是深得大湾区消费者的喜爱。在勐海茶厂长达 83 年的发展历程中，每一个重要的发展时期都离不开勐海茶厂历代制茶人与粤港澳大湾区的茶人茶商密切的交流与互动。大湾区人不仅爱茶、更懂茶，对于普洱茶的喜爱深入他们的日常生活。因此，茶圈也一直以来都有“普洱茶产于勐海，兴于粤港澳”的说法。

借力于粤港澳大湾区的高速发展，大益再一次提前布局、重点谋划，将眼光瞄准深圳这座大湾区核心城市。充满改革活力的深圳，有望打造成为中国茶文化传承、弘扬、辐射的桥头堡。目前，大益在大湾区已布局数百家专营店，并拥有众多喜爱大益茶的益友与粉丝。未来，市场发展的前景将更加辽阔。

大益本次的签约合作对象——深圳报业集团，是一家在全国有着重要影响力的大型现代传媒集

云南大益集团董事长、爱心基金会理事长张亚峰致辞

团。其旗下拥有9报、5刊、2家出版社、1个重点新闻门户网站、读特、读创等新闻客户端，形成了覆盖“纸媒＋网站＋客户端＋官微＋政务新媒体运营＋传媒智库”的融媒体矩阵，全媒体综合用户超2.05亿。在媒体融合转型之路上，围绕“再造一个报业集团”的目标，深圳报业集团正在奋力打造国内领先、世界一流的新型现代传媒集团。

签约仪式上，深圳报业集团党组书记、社长丁时照在致辞中表示，深圳报业集团和云南大益集团能够一拍即合，是因为双方具有三大共通之处：一是品牌知名度，两大集团在各自领域的激烈竞争中能够脱颖而出，依托的都是多年的品牌积累；二是核心基地，大益拥有自己的茶厂，能让大益茶品质可控，而深圳报业集团的“根据地”则是新闻内容，这是双方的立足之本和合作基石；三是热心公益，它是每个人、每个企业尽到社会责任、永远不能丢掉的初心。“这三点让双方有了深厚的合作基础，合作定能行稳致远。”

云南大益集团董事长、爱心基金会理事长张亚峰表示，此次与深圳报业集团这样的权威媒体集团深度合作，是大益集团一次具有创新性的突破。“‘让天下人尽享一杯好茶的美好时光’始终是大益集团努力的方向，双方此次携手，定能在未来为湾区人提供更优质更周到的茶产品、茶生活，共创一个全新美好的未来。”

未来，双方首先将深度挖掘茶的“文化社交”功能，共同搭建“线上－线下结合、媒体－企业融合”的茶文化传承平台，依托文博会等联合举办茶文化主题论坛峰会等活动，并面向大湾区11座城市联合举办茶文化推广系列活动。

其次，搭建具有深报特质的深圳茶文化关爱公益平台。双方将共同策划发行“东方风”“满眼春”等主题文化茶品，并在深圳市关爱行动基金会下设立深圳茶文化城市关爱空间专项基金，全面推进茶文化关爱公益平台的建设运行。

再次，双方将根据深圳乃至大湾区爱茶品茶的文化特性，搭建“万鲤荟企业家俱乐部”合作平台，并以俱乐部为依托，打造具有“深圳特色、湾区品质”、代表深圳城市精神的“圳品茶礼”。

最后，双方将探索人才培育合作机制，共同组织人员开展交换实践活动。如开展普洱茶生产研学实践活动、组织大湾区茶产业发展调研活动等。

大湾区、大未来。大益有望进一步加大在粤港澳大湾区的品牌及文化的推广力度，加强与粤港澳大湾区在产业、科技等方面的深度合作，与茶人益友共创茶之财富、共享茶之大益！

大益茶走进 2023 年法国巴黎国际旅游展览会

近日，大益茶道院受中国国家旅游局（中国驻巴黎旅游办事处）以及云南省驻法国（巴黎）商务处代表邀请，代表云南省在中国展台上推广中国茶文化，推广云南普洱茶，推广中国茶文化旅行。

展览会现场　　“大益八式”茶道表演

法国是全球热门旅游目的地和旅游接待大国，据资料显示，2019 年法国总共接待了 9000 万国际游客，疫情过后的法国旅游业也在慢慢地恢复，2022 年法国接待了 7500 万国际游客。

大益茶道院在展会第一天进行品牌宣讲活动，目的旨在向游客介绍普洱茶文化及大益，让更多海外朋友对普洱茶和大益产生兴趣。除此之外，展会每天都设有一场大益普洱茶品鉴会，众多对大益茶品、大益茶道十分感兴趣的业内外人士，均表示希望能够进一步地同大益进行交流。

展会结束后，大益茶道院同云南省驻法国（巴黎）商务处代表的李主任进行了会晤沟通，共同讨论如何更好地在法国推广中国茶文化，推广普洱茶。中法远隔万里，我们相信普洱茶可以成为两国文明交流的信使，吸引更多的海外友人成为茶文化的爱好者，并参与到茶文化的传播当中。大益也将一直秉持“一心只为做好茶”的匠心精神，努力为全球爱茶人提供优质的茶产品，传播优秀的中华茶文化。

代表参展的茶品、茶书、茶具

全球益友，同贺华诞 | 大赛添彩文坛助力

栉风沐雨秉初心，砥砺奋进续华章；

薪火相传八十三载，荣耀见证新时代。

天南海北“益家人”缘聚大益，为爱前行。

现场为勐海茶厂贺华诞的“益家人”们

11月1日上午，以“缘聚大益 为爱前行”为主题的勐海茶厂83周年庆典在大益馆隆重开幕，上千位来自世界各地的益友欢聚一堂，准时送上生日祝福。勐海县委副书记、县长陶艳女士，大益集团董事长张亚峰女士，中国作家协会名誉副主席、中国国际笔会中心会长丹增先生，中国作协诗歌委员会主任吉狄马加先生等多位重量级嘉宾出席。

张亚峰董事长表示，站在“百年奋斗目标”与转型20周年交汇的关键节点上，大益要全面把握机遇，沉着应对挑战，为开启下一个百年计划，筑牢立身之本。

张亚峰董事长在83周年庆典上讲话

回首过往，充满自豪
展望未来，信心满怀

诞生于1940年的勐海茶厂，以生产茶叶换取外汇支援抗战，彰显了实业救国的初心；今天的大益，在科技创新、文化建设、产业升级、乡村振兴等多方面引领中国茶业。回首一路走来，大益的发展，是从“艰难起步”到“转型升级”再到“一路引领”的奋斗赞歌，更是几代大益人艰苦奋斗的辉煌成果。

陶艳女士介绍，勐海茶厂在带领茶农走上致富路、助力乡村振兴、勐海经济社会发展做出了巨大贡献。特别是自2004年以来，大益不断扩大规模、转型升级，取得了良好的发展业绩，生产规模、销售额、利税及品牌综合影响力稳居同行业第一。她表示，更为难得的是，勐海茶厂在做大做强的同时，常怀感恩之心、牢记社会责任。成立大益爱心基金会，资助与改善帮扶地区的文化、卫生、医疗基础设施的建设……被民政部授予“全国先进社会组织”荣誉称号，得到了社会各界的充分认可和高度赞誉。

“勐海茶厂的发展，充分彰显了勐海的无限商机和优越环境。衷心希望在座的各位企业家继续深化与勐海茶厂的合作，实现勐海与企业发展的互促共进、互利双赢！我们将始终秉承重商、亲商、扶商的理念，持续打造一流营商环境，为项目建设、企业发展提供一流政务服务。”

大益集团董事长张亚峰女士，在开幕式致辞中说到，在83年的奋斗征程中，大益始终围绕“打造世界级中国茶品牌”的目标砥砺前行，一步一个脚印成长为中国茶行业的知名品牌、领军企业。

“明年是勐海茶厂转型二十周年，在这个节点驻足，回首过去，我们百感交集，充满自豪；展望未来，我们任重道远，信心满怀。茶行业竞争日趋激烈，更具挑战！但是，我深信，在益家人的共同努力下，社会各界的关爱支持下，大益集团将迈出更加矫健的步伐，迎接更加美好的明天。”

庆典现场

南方多嘉木，文学有大益
15位文学大咖走进大益

为推动地处边疆的大益文学院融入到中国文学界主流之中，促进“大益文学”与全国大型文学期刊的联动和交流，大益文学院从全国邀请了15位著名作家、编辑走进大益，于11月1日上午在勐海茶厂举办《大益文学》恳谈会。

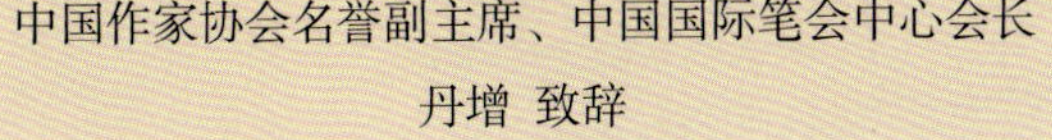

中国作家协会名誉副主席、中国国际笔会中心会长丹增 致辞

著名诗人、原中国作协副主席、诗歌创作委员会主任吉狄马加 致辞

恳谈会上，大家以“南方多嘉木，文学有大益”为主题，设置“大益文学愿景、宗旨、方向”“文学的地域性与世界性”“《大益文学》的现实性与可能性”等子题进行恳谈。

大益书系第23辑《大益文学·南方》亮相现场，新书最大亮点是增设了“非虚构”栏目，每期推出至少一篇与茶有关的非虚构文学作品，以图文结合的方式展现作家眼中的茶和茶山，让茶的故事更感性、更具象，让茶与人更可亲、更熟悉。

2023年《大益文学·南方》卷

著名作家、《大益文学》主编雷平阳 发言

西北选手夺冠，独揽 30 万元奖金

89 人荣耀进阶，大益茶道师已近 3 万人

经过激烈的对决，2023 大益论茶总决赛圆满落幕。西北选手黄振坚、华中选手刘明镛、华南选手黄勤分别荣获精英组总决赛冠、亚、季军。他们分别获得奖金 30 万元、5 万元、2 万元。

当然，此次进入总决赛的 350 位精英组、职业组选手，100% 获奖。除冠、亚、季军外，还分设十强、五十强纪念奖、总决赛纪念奖，其奖金额高达百万元。

论茶大赛中的选手们

对于“益家人”以及喜爱普洱茶、大益茶的益友来说，还有一件大喜事：大益三阶茶道师队伍又新添了 89 人，大益茶道院院长张亚峰女士在大益馆茶圣厅，为他们颁发大益三阶茶道师资格证书，带领大家礼拜茶道宗师陆羽，齐诵大益茶道弟子规。至此，大益职业茶道师队伍已近 3 万人。

大益茶道师是终身事茶的职业茶者，其职责是为人做茶，劝人饮茶，助人乐茶，引人悟茶。回首一路走来，大家在茶道研修的道路上不断精进，彼此之间互为师徒，同修共悟，高阶带动低阶，做到真正的内外兼修，身体力行。获得证书，不仅是获得了大益三阶茶道师的资格认证，也代表着身上的担子、责任也在加重，希望大家在今后的日子里不忘初心，努力践行大益开创的当代茶道职业化之路。

新晋三阶茶道师被授予三阶证书

“大益之夜”酣畅淋漓

14 个璀璨汇演大展茶人之风

随着夜幕缓缓降临，大益之夜倾情上演，来自全国各地的“益家人”根据各地风俗人文，自编自导自演 14 个别具匠心、独具韵味的节目献礼大益 83 周年，晚会现场掌声雷动、欢声笑语不断。

柔情似水的古典舞、活力四射的现代舞、风趣幽默的相声小品、壮阔豪爽的华阴老腔、诠释着美学经典的舞台剧……每一个节目都是精品，每一个演员都用心在表达，一台晚会、一场演出、一次相聚，将大益人对美好生活的向往展现得淋漓尽致。

“益家人”欢聚一堂

“大益之夜”现场节目表演（一）

“大益之夜”现场节目表演（二）

大益获云南“万企兴万村”行动典型项目，乡村振兴三期工程荣耀启动

云南“万企兴万村”行动典型项目

推动兴边富民、稳边固边

11月6日，大益集团获云南省“万企兴万村”行动典型项目揭牌仪式暨“大益乡村振兴行动”茶农住房改造项目第三期奠基仪式在勐海县西定乡美丽的茶园隆重举行，这是大益公益的一件盛事、喜事。

大益集团获云南省“万企兴万村”行动典型项目揭牌仪式

云南省委统战部副部长、省工商联党组书记、省光彩事业促进会会长潘红伟同志，西双版纳州委常委、州人民政府副州长徐克辉同志，云南大益茶业集团总裁、云南大益爱心基金会理事长张亚峰，云南大益茶业集团副总裁、云南大益爱心基金会理事曾新生，西双版纳州工商联、勐海县“万企兴万村”行动领导小组成员单位相关领导，以及西定乡的茶农代表等领导嘉宾出席活动，现场可谓是高朋满座，共同见证这一重要时刻。

“这是云南大益茶业集团参与‘万企兴万村’行动的一件大事、喜事，也是关心广大茶农的暖心事、贴心事。” 潘红伟书记在致辞中对大益获得该荣誉表示热烈祝贺。

潘红伟书记说，大益茶业集团积极响应国家号召，主动参与“万企帮万村”行动和“万企兴万村”行动，投入到国家脱贫攻坚和乡村振兴中，自2016年以来，以种植、收购、加工、销售茶叶的形式进行产业帮扶，培训茶农10万余人次，累计收购毛茶54亿元，帮助建档立卡户拔掉“穷根”，

带动勐海县近30万茶农过上好日子。去年又启动“大益乡村振兴行动”，预计投入资金4000万元，帮助茶农改造住房，促进乡村振兴。同时还大力开展公益帮扶，提供志愿服务达20余万小时。可以说，大益集团为我省经济社会发展作出了突出贡献，是我省“万企兴万村”的企业典型，是参与光彩事业的企业标杆，是推进兴边富民、稳边固边的企业榜样，赢得了社会的尊重和赞誉。

“勐海是大益茶人的起点，大益薪火相传八十三载，一直在为爱前行。作为新时代的茶人，能为世代扎根于此的边疆茶农做点事，是大益人共同的心愿。”张亚峰理事长表示，云南省“万企兴万村行动”领导小组授予大益典型项目的荣誉，是对大益乡村振兴工作的肯定和再推动，大益将继续深入学习贯彻党的二十大精神，继续按照党中央“实现巩固拓展脱贫攻坚成果同乡村振兴有效衔接”的决策部署，多措并举，努力把“大益乡村振兴行动”打造成乡村振兴勐海样板，甚至打造成“共同富裕”在勐海典型案例的响亮品牌，为云南省边疆乡村振兴发展尽一份绵薄之力。

茶农住房改造三期启动

规划“中国大美茶山”旅游项目

“大益乡村振兴行动”于2022年启动，旨在帮助勐海茶农改造住房及生活条件，促进乡村振兴，助力边疆高质量发展。截至目前，“大益乡村振兴行动”已累计投入982万元，克服种种困难完成了两期茶农住房改造工程及配套设施建设，昔日山间那些私搭乱建的棚户已悄然发生改变，勐海西定乡、布朗山乡60余户茶农已乔迁新居，开启了新生活。

茶农住房改造项目二期工程已完工，一座座独栋的两层小楼点缀在茶山绿海之中

“大益乡村振兴行动”茶农住房改造工程第三期奠基仪式

即将改造的第三期茶农旧居

迎着茶农期盼的目光，茶农住房改造三期工程启动

“大益乡村振兴行动”第三期茶农住房改造工程11月6日启动，计划2024年将再为50户茶农改善生活环境，同时规划“中国大美茶山”旅游项目，实现茶区变景区、茶园变公园，推动茶旅深度融合，为乡村振兴注入新动能。

茶农代表范元明在仪式上发言

在三期工程启动仪式上，茶农代表范元明说：以前我们刚来这里的时候，这个房子又小，又是油毛毡又是土基房，现在在张亚峰理事长的关心下，大益为我们建了新房，共8个房间，上下两层，还有阳台，有独立的厨房和卫生间，此后我们一家人生活在青山绿水间，我心里很高兴，满满的都是幸福感！

在“大益乡村振兴行动”中，大益爱心基金会始终坚持党建引领公益，积极发挥党组织作用及党员的先锋模范作用，充分调动大益的党员益工加入到爱心行动中来，助力茶农建设美丽家园，实现更美好的生活。党建示范点揭牌，是党建工作融入大益乡村振兴工作的最直接体现，标志着“大益乡村振兴行动”又迈入了一个新的台阶。

11月2日，云南大益集团副总裁、云南大益爱心基金会理事曾新生，勐海茶厂党委副书记李健共同为党建示范点揭牌

受张亚峰理事长的公益感召，大益渠道服务商向“大益·薪火栋梁计划”公益项目捐赠90万元，助力勐海地区的青少年及茶农子女圆篮球梦；大益华南团渠道商向西定乡茶农捐赠30台电热水器，助力大益乡村振兴。这些爱心公益活动，汇聚温暖，点亮希望，是“益家人”守望相助、大爱精神的美好体现。

大益之爱，从未停歇，在“益家人”中不停温暖流转。张亚峰理事长表示，站在新时代、新起点上，大益人将继续厚植家国情怀，共筑“华茶振兴梦”，以“让世界共享中国茶，让天下茶人过上幸福生活”为坚定追求，脚踏实地践行“爱有益，爱有大益”的公益理念，努力打造茶人公益第一品牌，这也是大益人的美好愿景。

11月2日，“爱有大益”物资捐赠仪式在勐海县布朗山乡圆满举行

大益勐海茶业公司入选 4 个云南企业百强名单

近日，由云南省企业联合会、云南省企业家协会联合发布的《2023 云南企业 100 强名单》出炉。大益集团勐海茶业有限责任公司入选 2023 年云南企业 100 强、高新技术企业 100 强、制造业企业 100 强和民营企业 100 强。

该榜单系参照国际上通行的排序办法，以 2022 年度企业营业收入数据为榜单的主要依据。发布的主要目的是继续引导全省企业做强做优做大，对标创建世界一流企业，并为各级党委政府、社会各界提供云南省大企业大集团发展的相关数据和研究信息。

这已是云南省企业联合会、云南省企业家协会连续 15 年发布相关榜单，勐海茶业有限责任公司曾多次上榜。

勐海茶业有限责任公司（勐海茶厂）作为云南大益茶业集团的核心企业，至今已走过 83 年历史，见证云南茶产业的诞生与崛起，是现代普洱茶产业的梦工厂。

自 2004 年完成制度转型以来，勐海茶厂更是快速发展。目前已拥有占地面积为 700 多亩的现代化加工厂，建成布朗山和巴达两个万亩生态绿色茶园种植示范基地，发展成为以普洱茶为核心，涵盖茶、水、器、道四大事业板块，贯穿科研、种植、生产、营销与茶文化推广于一体的全产业链茶叶企业，其生产规模、销售额、利税及品牌综合影响力稳居同行业前列。

2023 云南企业 100 强发布会现场

近年来，在大益集团“创新驱动发展”的战略下，勐海茶厂积极开拓创新，着力提升科技创新能力，增强自主研发能力，在科技创新道路上不断攻关。截至 2022 年，共拥有有效授权专利 119 项，其中发明专利 37 项。在节能减排、数字赋能、提质增效、绿色发展等方面，勐海茶厂也积极行动，包括人工拣剔流水线、大数据储备的质选机、数字化集群烘房、自动压饼中式线等新型设备先后投入运营，带动整个云茶行业走向标准化、尝试国际化、布局数字化。

大益集团以勐海茶厂为核心，全线加速推进新型工业化进程，将“创新”贯穿到大益的每一环节。从传统茶到快销茶，再到益原素健康新饮，“大益”品牌的厚度不断通过产品的科技研发与创新能力体现出来，打造出了一款又一款广受市场喜爱、兼具品饮与收藏价值的大益茶产品，塑造了不可复制的“大益模式”。

勐海茶厂大门

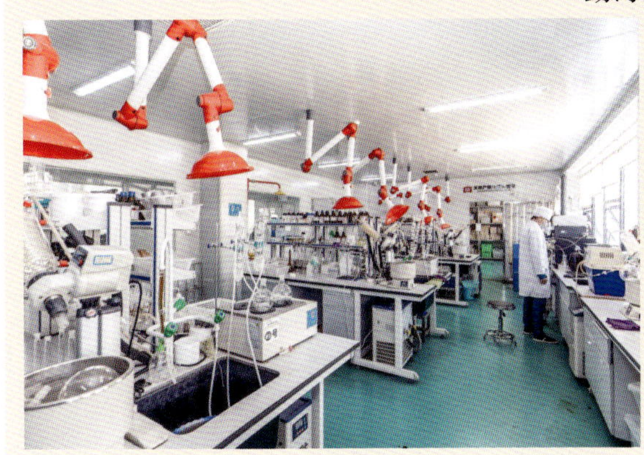

实验室

自动压饼生产线

作为中国茶行业的领军企业，大益始终秉承“一心只为做好茶”的理念，以“让天下人尽享一杯好茶的美好时光”为愿景。新的一年即将到来，大益的下一个百年计划也已开启，站在新的起点上，大益人不忘初心，在继承过往成绩的同时，继续创新与发展，以提供优质产品和服务去赢得更多消费者的认可。

茶人篇

CHA REN PIAN

“稳中求进”下滴水穿石之功

2023 年大益论茶冠军——黄振坚

在各式各样的场合中，很多获奖者在谈论获奖感受时，多会用到惊喜、激动这两个词。但问及黄振坚是否对此次荣获大益论茶总决赛冠军感到意外时，他的答案让人感到意料之外情理之中，他直言：“我觉得自己配得上冠军。”

他的自信究竟是从哪来的呢？毕竟今年才是他第二次参加大益论茶，首次走进大益论茶总决赛的赛场。在交谈的过程中他多次提到，自己此次可以突出重围、荣获冠军没有秘诀，最关键的还是靠“扎实的基本功”。早在 2021 年首次报名参赛时，他就默默地立下志向，要做就一定要做到最好，必须在大赛中崭露头角。

不过，很快他就意识到，作为一名刚刚入行的茶小白，要想在一群经验丰富、技能高超的老茶客中突出重围，谈何容易！“我 2021 年刚刚报名参赛时，面对 20 款考试用茶完全是懵的，看干茶看着它们都一样，开汤连益原素都喝不出来。”黄振坚回忆。

如果当时的他就此退缩，也就没有了今天的故事。随后，在家人的支持、鼓励下，黄振坚开始慢慢从看干茶入手，根据参赛指南慢慢细分、了解 20 款茶，并带着茶友、店员每天开汤审评，在

2021 年大益论茶复赛中荣获西北赛区第二名的好成绩。尽管因疫情影响，当年并未成功举办总决赛，但通过备赛期、练茶、参赛这一过程，他越发的认识到大益论茶可以科学、全方位的剖析每一款大益茶的特点，审评可以感受到大益研配技艺的美妙，普洱茶的越陈越香需有“好品质”作为前提。

得益于日复一日的练习，他的论茶水平在今年又一次得到突破，获得 30 万元奖金、“圆梦”成功。他坦言，参赛之初自己也曾尝试研究，在大益论茶中是否有“一招致胜”的秘诀，但随着学习和理解的深入，他完全放弃了这种想法，转而制定了“稳中求进”这一战术。“修炼基本功，以不变应万变，百炼成钢”既是黄振坚在大益论茶中的收获，也是他对当下经济环境下，经营好大益茶的坚守。

这位冠军在谈及对未来的规划时，他用了 6 个字进行总结：“精修术　广传道。”“术”既是指自我专业技能的修养，也包含了帮助合作伙伴、客户，品茶、识茶、论茶技能的提升，门店每周组织一场大益论茶已纳入他对员工的管理培训。对于“道”的解释，他表示，此次获奖既是他事业、人生的一次“小高峰”，同时还是下一人生目标的“起点”。大益通过竞赛的形式为茶友搭建沟通交流、切磋的平台，也为传播中华茶道文化主动承担责任，自己作为“受益者”，将以大益为指引，积极传播茶道文化、惜茶爱人、奉献爱心。

在拿到论茶奖金的同时，黄振坚就将论茶奖金的一部分捐赠给大益爱心基金会，用于大益乡村振兴公益项目或贫困学生捐助，他的善举得到茶人益友的传扬。

从“茶小白”到“论茶名师”

2023年大益论茶亚军——刘明镛

像标题所说的一样，今年的论茶亚军刘明镛的故事，是从“茶小白”到“论茶名师”的逆袭。30岁的他，人生的“小高峰”可不止获得2023大益论茶亚军这一个，他所经营的大益茶专营店茶水服务常年蝉联湖北美团好评榜第一名，他被本届选手戏称为“2023的大益论茶冠军种子选手”，从零开始获得这一系列的成绩与美誉，他仅用了5年的时间。

参赛之初，他的目标是“拿下冠军”，虽然最终以一款茶的比分差距落后黄振坚，但他并不觉得遗憾。在他看来，获奖需要“实力＋心态＋运气”。在今年的论茶大赛中，他最大的收获是，由他带领参赛的学员都取得了较好的成绩，其中有10人进入总决赛，6人进入全国50强，3人进入全国十强。他说，看到自己团队的选手获得好成绩比自己拿奖还开心，有着强烈的满足感。

刘明镛大学在美国留学时，学习的是国际贸易，毕业回国后进入安徽农业大学学习茶叶知识，他坦言刚接触普洱茶时并不十分感兴趣。听朋友说在大益茶道院能更系统的学习大益的茶文化知识，

让他内心激动不已，随即报名参加2018年的培训班。他回忆，在这次为期10天的学习中，遇到了很多的良师益友，比如主讲茶叶知识的赵宝权、赵亚华，以及论茶启蒙老师黄娴燕……他说，在黄老师的悉心指导之下，让他对大益论茶产生了浓厚的兴趣。

2018年，他首次参加大益论茶，便取得了复赛华中赛区第一名、总决赛全国60强的好成绩，成功晋级大益三阶茶道师。2021年，他再次参加大益论茶，名列前茅成为华中赛区复赛第二名、进入全国10强。自此，他成为了"华中五省论茶强手"，周边很多喜欢普洱茶的茶友都开始自发的来找他习茶、练茶、品茶。

"刚开始，自己一个人练，练茶感觉就跟解数学题一样。后来一起练的人越来越多，大家相互学习补充，对茶的了解也会更深入，通过不断的带练、讲解，也会发现自己对各个知识点的记忆、运用更娴熟。再加上在大益论茶中也取得了不错的成绩，慢慢的就对自己有了信心，对普洱茶痴迷。"

刘明镛表示，刚开始练茶、参赛的动力主要是，可以从中学习知识、获得奖励和荣誉。但经过3次参赛、5年的成长，让他与大益茶产生了深度的联系，有了明确的人生方向和目标后，生活变得更加健康、充实。"我始终都觉得大益茶体验馆的基石是零售，它面向每一个消费群体。我近期的小目标，就是持续深耕零售业务，积少成多、聚沙成塔，筑牢基石才能跑得更远。"

最大"黑马"沉稳中爆发

2023年大益论茶季军——黄勤

在黄勤的介绍中，自己是一个喜欢挑战有竞赛精神的人，回想起过去几个月的习茶时光，她大呼："刺激、过瘾"。在此之前，包括黄勤自己在内的很多人都未曾想到，她竟会成为总决赛的"最大黑马"，当问及她得知自己取得全国第三名的好成绩时是何心情？她用惊喜交加、就像坐过山车来形容。

对于前后仅准备了3个月的自己来说，最终能够在众多高手中突出重围，她反复表示主要得益于团队的力量。在得知2023年大益论茶即将开启这一消息后，黄勤和店里的茶道师一同报名参赛，大家相互交流、共同促进，从初赛、复赛、总决赛携手闯关。他们中有的人擅长看干茶外形、有的人习惯开汤审评，各自有了新的理解、发现后，总会一起验证、总结，遇到瓶颈难以突破时，彼此鼓励。"和大家在一起练茶的日子，有很多的收获和快乐。复赛时因考场环境发生变化发挥失常，大家就一直给我打气，最终刚好踩着分数线晋级，真的是很幸运。"黄勤回忆。

真正的运气是因为有实力。在总决赛决胜轮中，黄勤与刘明镛的比分相同，排名落后仅因用时多了2分多钟。当然，也正是因为她的稳扎稳打、不慌不忙，才获得了这一好成绩。“因为对整个审评流程以及30款茶已经足够的熟悉，看到其它人开始开汤、交卷，我也不慌，全程按照自己的节奏在走。”

聊到此次参赛的收获这一话题，作为一名事茶20多年的老茶客，黄勤慢慢做了一些梳理。她发现通过论茶过程中不断的审评、开汤，自己的味觉、嗅觉有了很大的突破。不知不觉中就养成了做“品茶小笔记”的习惯，平时觉得好喝但又说不出来到底哪里好的茶，也慢慢有了全新的理解，在给客户、茶友分享、推荐茶时，更容易让大家信服。相信随着岁月的流转，黄勤会发现大益论茶带给她的也远不仅止于此。

写在最后：

生命的意义如此厚重，无论我们怎么样全力以赴都不为过。看完黄振坚、刘明镛、黄勤的故事，我们发现，他们的成功绝非偶然，坚毅、沉稳、突破……是他们共同的品质。漫漫事茶路，足够消耗一个人的热情，也足够一个人成长，愿我们不忘初心、始终如一，在这条路上走得更远、走得更好。

茶品篇

CHA PIN PIAN

传统渠道产品

7542

产品介绍：

7542是勐海茶厂生产时间最长、历史最久的普洱茶青饼，经典配方，品质传承，生茶典范，历经岁月磨砺，品质历久弥坚，被誉为“评判普洱生茶品质的标杆产品”。

本品原料选用勐海茶区优质大叶种晒青毛茶，肥壮茶青为里，幼嫩芽叶撒面，拼配精妙得当，结构饱满，松紧有度，存放后变化丰富。

重量：357g/饼

批次：2301

包装：专用棉纸，笋壳扎筒，7饼/筒，
竹篮15kg成件，6筒/件

审评结果：

外形：饼形端正圆整，条索紧结，色泽润亮显芽毫

汤色：黄亮

香气：丰富，花果香馥郁，蜜甜香高扬

滋味：醇厚饱满，苦涩强，回甘生津迅速持久，回味悠长

叶底：黄绿鲜活，较嫩匀

8582

产品介绍：

8582由勐海茶厂于1985年研制成功，当年专供香港南天贸易公司，为经典老五样之一，是继7542之后勐海茶厂另一款大宗传统青饼。产品采用5~10级粗壮新老茶青拼配，由于里茶原料相对成熟，茶条之间空隙较大，与空气接触充分，更易于陈化。

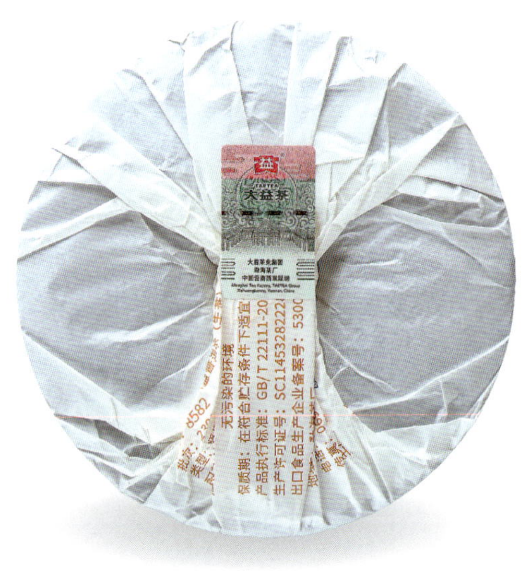

重量：357g/饼

批次：2301

包装：专用棉纸，通用纸袋，7饼/袋，通用外箱15kg成件，6袋/件

审评结果：

外形：饼形圆润，松紧适宜，条索粗壮

汤色：黄亮

香气：果甜香显，带清花香

滋味：醇正，收敛性强，回甘生津

叶底：色泽黄绿，显梗

宝兔迎财（兔年生肖纪念茶）

产品介绍：

2023 年癸卯兔年，乃双春双喜闰二月，这份吉祥“千年一遇”。而在中国传统文化中，生肖兔又历来有“多子多福、长寿聚财”的寓意。

大益兔年生肖茶延续「宝兔迎财」之名，将这只“宝兔”的美好寓意融入于普洱茶产品之中。「宝兔迎财」的版面设计以葫芦形加上兔子形态为图形创意，提炼出“百宝袋”造型，每个字都包含铜钱图案，寓意财运亨通。整个设计通透空灵，人文内涵独特，极具东方气韵。

本品精选云南古生茶园大树茶为原料。森野秘境，日月更替，汲天地之精华，赋茶叶以灵气，再经入选国家级非物质文化遗产名录的“大益茶制作技艺”匠心研配，野韵原香、自然真味。

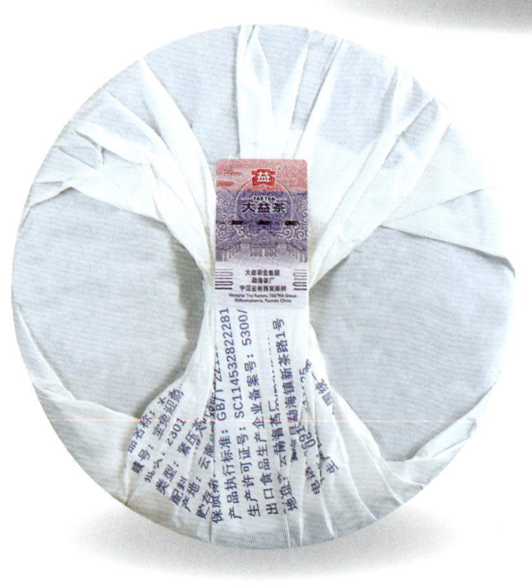

重量：357g/ 饼

批次：2301

包装：专用棉纸，通用纸袋，专用中提，7 饼 / 袋 / 提，通用外箱 10kg 成件，4 提 / 件

审评结果：

外形：饼形饱满圆润，茶条活灵活现，芽毫细密

汤色：色如黄金，润如玉

香气：神秘幽雅的野花香，带着一丝丝烟香蜜意

滋味：层层甜意包裹浓浓的苦，刚柔相济，余韵深远

叶底：亮泽，柔嫩舒展

印象版纳七子饼茶

产品介绍：

“印象版纳”将西双版纳傣族文化融入大益传统七子饼茶，其设计以金色为主色调，古老的傣族织锦图案纹样为底，守护神龙护法在外，两只高雅孔雀举旗贺傣历1385年新年；精致的70周年logo，仰鼻小象和开屏孔雀象征西双版纳各族人民吉祥如意的美好祝愿；上书傣文“印象版纳七子饼茶”，向西双版纳傣族自治州成立70周年献礼。

本品选用植物王国——西双版纳傣族自治州原生大树茶为原料，经入选国家级非物质文化遗产名录的“大益茶制作技艺”精心拼配而成。

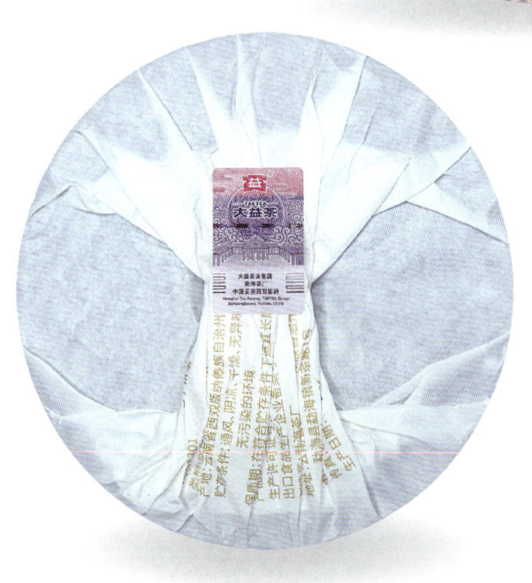

重量：357g/饼

批次：2301

包装：专用棉纸，笋壳扎筒，7饼/筒，通用外箱，4筒/件

审评结果：

外形：饼形圆润，条索肥壮，色泽乌润

汤色：金黄透亮

香气：浓郁，独特的花香融合沉稳的烟香

滋味：强烈刺激，层次感丰富，回甘生津迅猛

叶底：肥嫩，弹性十足

南国秋韵

产品介绍：

“茶者，南方之嘉木也。”

南国秋韵，精选澜沧江流域5年陈优质谷花茶为原料，采用入选国家级非物质文化遗产名录的“大益茶制作技艺”精制，嘉木天成，香高味醇。

本品于2023年面市。

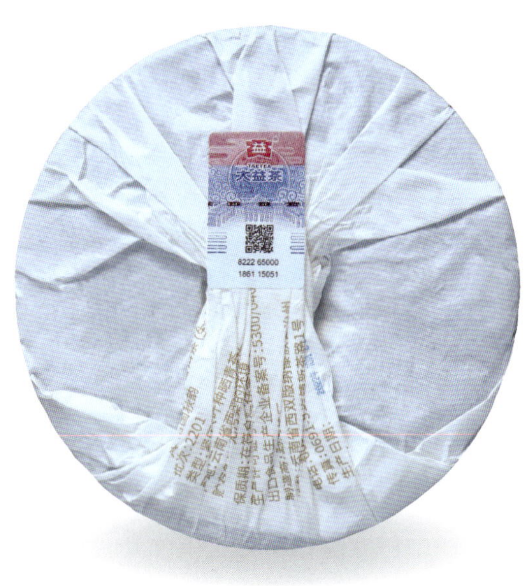

重量：357g/饼

批次：2201

包装：专用棉纸，通用纸袋，7饼/袋，通用外箱15kg成件，6袋/件

审评结果：

外形：饼形圆润，条索壮实，黑条白芽

汤色：深黄明亮

香气：馥郁芬芳，蜜香高扬，花香萦绕

滋味：香醇饱满，苦涩协调，回甘生津迅速

叶底：绿黄匀整，柔润鲜活

南山雪印

产品介绍：

凝结布朗古树原料，传承印级茶精神。

本产品精选布朗山云海之巅丛林秘境中的古树茶为原料。瑰姿纬态，条索壮硕连绵，其银毫似流风之回雪；汤色蜜黄，若甘露晶莹剔透；香浓夺兰，若密蒙扶摇云霄；味酽胜醴，若流霞潜藏于穷；肌骨生清润，意达欲脱尘，似境通仙灵。

本品于 2023 年面市。

重量：	357g/ 饼
批次：	1901
包装：	专用棉纸，笋壳扎筒，专用中提，7 饼 / 筒 / 提

审评结果：

外形：茶饼圆整大气，茶条壮硕，显银毫

汤色：蜜黄，晶莹剔透

香气：馥郁高扬，有独特的密蒙花香

滋味：浓酽，口感层次丰富，回甘生津迅猛，气韵磅礴

叶底：绿黄嫩匀，鲜活，富有弹性

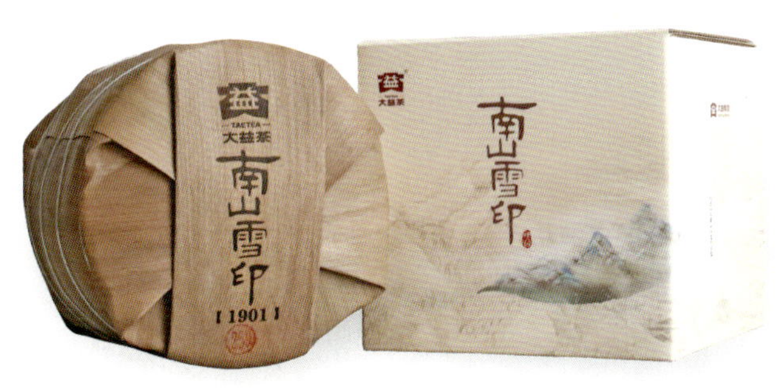

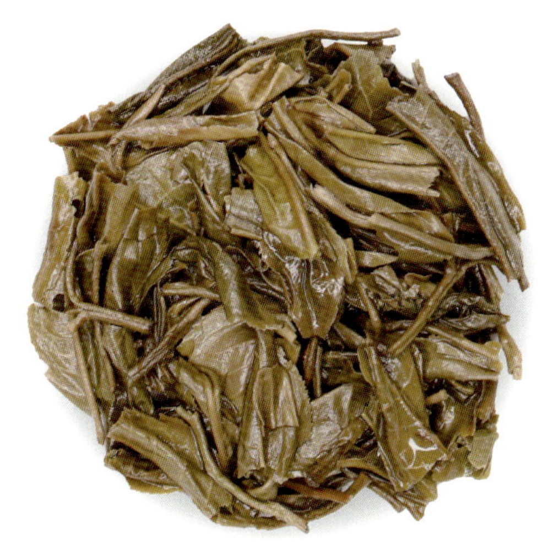

7572

产品介绍：

1973年，“普洱茶人工后发酵技术”在勐海茶厂试验成功，开创了普洱茶熟茶时代，至今已有50周年。而7572伴随着熟茶渥堆发酵技术的兴起、发展，从20世纪70年代中期生产至今，已成为勐海茶厂和普洱茶业界最具代表性的普洱熟茶，被市场誉为“评判普洱熟茶品质的标杆产品”。其采用金毫细茶撒面，青壮茶青为里茶，发酵适度，综合品质高，为大众所推崇。

重量：357g/饼

批次：2301

包装：专用棉纸，通用纸袋，7饼/袋，
通用外箱15kg成件，6袋/件

审评结果：

外形：	饼形圆润饱满，松紧适度，撒面均匀，金毫显露
汤色：	红浓明亮
香气：	焦糖香馥郁，甜香持久
滋味：	醇厚饱满，香甜稠滑，杯底糖香显
叶底：	褐红润泽，较匀整

7562

产品介绍：

本茶品起源于1976年，时值“文化大革命”刚刚结束，与文革砖茶形成了“文革”一前一后的代表产品。几十年来一直被业内推崇为经典普洱茶的代表，成为无数茶人竞相收藏的普洱茶珍品。

本品精选澜沧江流域优质大叶种晒青毛茶为原料，经入选国家级非物质文化遗产名录的“大益茶制作技艺”发酵、精制而成。

本品于2023年面市。

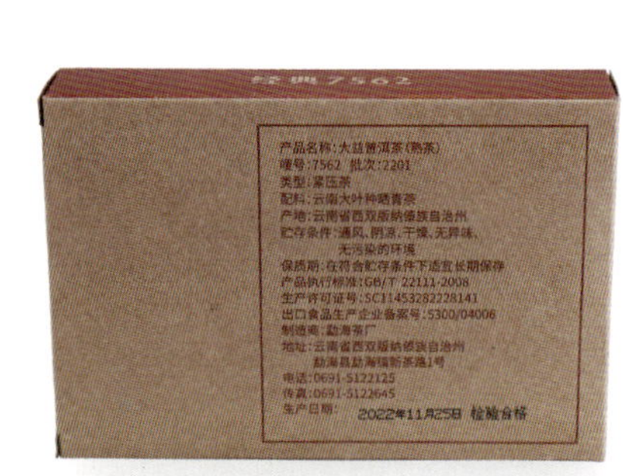

重量：250g/片

批次：2201

包装：专用直线盒，1片/盒，通用外箱10kg成件，40盒/件

审评结果：

外形：	砖形端正，厚薄均匀，条索匀嫩清晰，金毫显露
汤色：	红浓
香气：	糖香浓郁
滋味：	醇厚饱满，口感甜醇顺滑
叶底：	褐红嫩匀

8592

产品介绍：

本产品由勐海茶厂于1985年研制成功，曾因专供香港南天贸易公司而应该公司要求，在棉纸上加盖了紫色的“天”字印章，便是如今普洱茶爱好者所说的“天”字饼，或者“紫天”饼。8592是粗壮大条索的代表茶品，入口陈香馥郁，甜度高，有滑润之感。

本品于2023年面市。

重量：357g/饼

批次：2101

包装：专用棉纸，通用纸袋，7饼/袋，通用外箱15kg成件，6袋/件

审评结果：

外形：饼形周正，松紧适度，条索粗壮，稍显金毫

汤色：褐红明亮

香气：甜香浓郁，带糖香

滋味：甜醇协调，口感顺滑

叶底：色泽褐红，粗老肥壮，较显梗

大益红

产品介绍：

“大益红”是勐海茶厂于2008年8月8日首次研发、特别制造的一款产品。

“大益红”普洱熟茶精选云南优质大叶种晒青毛茶为原料，经入选国家级非物质文化遗产名录的“大益茶制作技艺”发酵、精制而成，色泽红润，糖香馥郁，甜糯细腻，浓醇爽滑。

大益红，开门红。“大益红”包装设计喜庆，以中国红为主色调，描绘了一元复始、万象更新、春暖花开、宝兔迎春的热闹场面，寓意开年大展“红兔”、红火丰收的好年景。

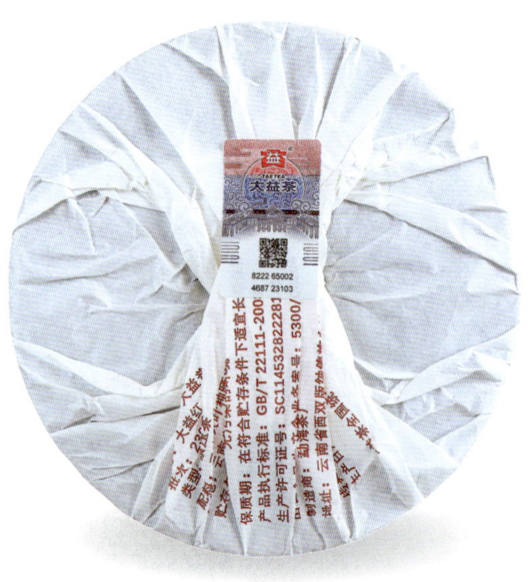

重量：357g/饼

批次：2301

包装：专用棉纸，通用纸袋，7饼/袋，通用外箱15kg成件，6袋/件

审评结果：

外形：	饼形圆整，色泽红润，条索肥壮，显金毫
汤色：	深红明亮
香气：	果糖香馥郁，甜香绵糯
滋味：	浓醇爽滑，甜糯细腻，口感舒润
叶底：	褐红润亮，肥嫩匀整

红玉

产品介绍：

红玉以传统玉佩、玉如意等元素为创意，镶金佩玉，如意吉祥，福至运来。

本品精选云南优质大叶种晒青毛茶为原料，以入选国家级非物质文化遗产名录的“大益茶制作技艺”适度发酵，精心加工而成，赤若丹霞，莹润如玉。

重量：357g/ 饼

批次：2301

包装：专用棉纸，通用纸袋，7 饼 / 袋，通用外箱 15kg 成件，6 袋 / 件

审评结果：

外形：饼形端正，松紧适度，金毫显露

汤色：红浓

香气：糖香浓郁

滋味：醇和稍厚，糯滑香甜

叶底：褐红匀整

金刚

产品介绍：

金刚〈2301〉是大益高端熟茶之一，以大益50年的普洱熟茶发酵技艺所造就，具有极高的品饮和收藏价值。版面设计以经典熟茶色搭配佛教莲花宝座承托的八宝法器为主，表达祝愿品饮者和收藏者吉祥、圆满、安康等美好寓意。

本品精选西双版纳优质高山大树茶为原料，经入选国家级非物质文化遗产名录的“大益茶制作技艺”发酵、精制而成，稠厚顺滑，浓醇陈香。

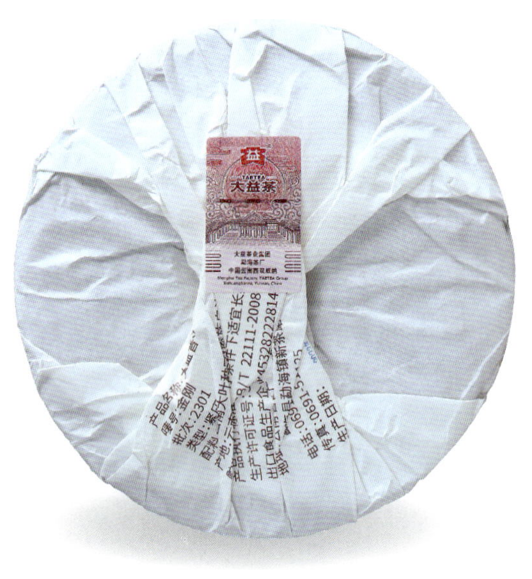

重量：357g/ 饼

批次：2301

包装：专用棉纸，通用纸袋，专用中提，7 饼 / 袋 / 提，通用外箱 15kg 成件，6 提 / 件

审评结果：

外形：饼形圆润饱满，色泽褐润，条索肥壮，显金毫

汤色：红浓透亮

香气：陈香馥郁，高浓的糖香透着玫瑰香和干果香

滋味：浓醇，稠厚顺滑，胶质感丰盈，苦底厚实，余味甜润悠长

叶底：色泽褐红，肥润匀整

馆藏 1940

产品介绍：

2023年大益馆馆藏特制产品，以勐海茶厂大益馆为主体设计，沿用大益馆红砖黄墙的色系基调，生茶以橙黄为主色调，熟茶以橙红为主色调，与汤色相得益彰、相映成趣。

馆藏1940（生茶）

产品介绍：

本品精选勐海高山大树茶为原料压制，再经10年时光自然醇化，烟陈相宜，浓厚饱满，刺激性强，回甘生津快且持久。

重量：357g/饼

批次：2301

包装：礼盒包装（专用棉纸，专用礼盒，1饼/盒，配手提袋）

审评结果：

外形：	饼形端正，条索肥硕清晰，油润披毫
汤色：	橙黄金亮
香气：	丰富，烟陈相宜，带果蜜香
滋味：	浓厚饱满，刺激性强，回甘生津快、持久
叶底：	黄绿泛褐，肥嫩匀整

馆藏1940（熟茶）

产品介绍：

本品精选勐海高山大树茶为原料，发酵适中，再经5年时光自然醇化，茶香丰盈，滋味醇厚饱满，汤感黏稠顺滑，喉韵绵长。

重量：357g/饼

批次：2301

包装：礼盒包装（专用棉纸，专用礼盒，1饼/盒，配手提袋）

审评结果：

外形：饼形圆润饱满，条索肥硕，金毫显露

汤色：红浓润亮

香气：糖香浓郁持久，显枣甜香、陈香

滋味：醇厚饱满，汤感黏稠顺滑，喉韵绵长

叶底：褐红，润匀柔软

起点

产品介绍：

“起点”是大益馆馆藏特制产品系列，以茶马古道为背景研发，有一生一熟两款产品。

起点生、熟产品包装设计分别以蓝色、橙黄色为基调，用环状剪影描绘了一幅“茶马古道”图。

马帮驮着茶叶从勐海茶厂出发，踏过此起彼伏的茶山，行走在充满神秘色彩的古道。“踢踏”、“踢踏”的马蹄声响起，马背上的茶香随风四溢，马帮队伍形态各异的穿过层层山峦，经过长亭古道，走过千山万水，抵达胜利的“彼岸”。

起点是茶马古道的起点，是千万茶人心中爱与初心的起点，更是普洱茶从云南走向世界的起点。

起点是对爱茶人的鼓舞也是鞭策，以古为鉴，承古思今，再续华章。

起点（生茶）

产品介绍：

本品精选澜沧江流域高山大树茶为原料，经入选国家级非物质文化遗产名录的“大益茶制作技艺”精制而成，5 年陈化，茶香独特，滋味醇厚。

重量：357g/ 饼

批次：2301

包装：礼盒包装（专用棉纸，专用礼盒，1 饼 / 盒，配手提袋）

审评结果：

外形：饼形圆整，条索清晰，银毫显露

汤色：橙黄油润

香气：花果香明显，蜜甜香悠扬

滋味：醇厚饱满，口感丰富，协调有力，回味悠长

叶底：色泽黄绿，芽叶舒展，显嫩茎

起点（熟茶）

产品介绍：

本品精选云南大叶种晒青毛茶为原料，经入选国家级非物质文化遗产名录的“大益茶制作技艺”发酵、精制而成，历经8年醇化，陈香突显，甜醇顺滑。

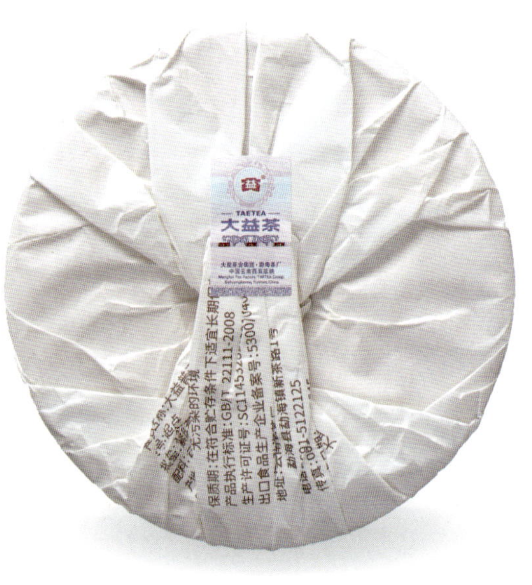

重量：357g/饼

批次：2301

包装：礼盒包装（专用棉纸，专用礼盒，1饼/盒，配手提袋）

审评结果：

外形：	饼形圆整，条索肥硕，金毫显露
汤色：	红亮明澈
香气：	陈香突显，带甜香
滋味：	甜醇顺滑，口感舒润
叶底：	褐红匀整，显嫩芽

益友会产品

经典普洱（生茶）

产品介绍：

本品精选云南大叶种晒青毛茶为原料，历经 5 年时光自然陈化，经入选国家级非物质文化遗产名录的“大益茶制作技艺”精制而成。茶品适口性强，定位普洱经典口感，旨在做新老茶客的手边茶。

重量：357g/ 饼

批次：2301

包装：专用棉纸，通用纸袋，专用中提盒，7 饼 / 袋 / 提

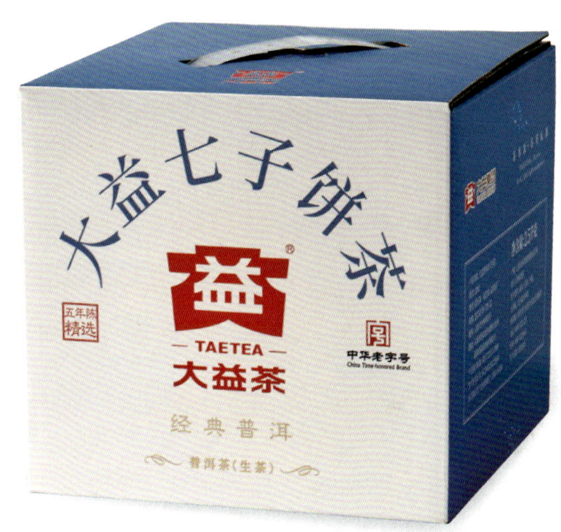

审评结果：

外形：饼形圆正饱满，条索紧结，饼面显毫

汤色：深黄明亮

香气：蜜甜香显著，陈香初显

滋味：协调饱满，回甘生津明显

叶底：色泽深绿，稍显嫩茎

经典普洱（熟茶）

产品介绍：

本产品精选云南大叶种晒青茶为原料，经入选国家级非物质文化遗产名录的“大益茶制作技艺”发酵、精制而成。三年磨一剑，茶品适口性强，旨在做新老茶客的手边茶。

重量：357g/饼

批次：2301

包装：专用棉纸，通用纸袋，专用中提盒，7饼/袋/提

审评结果：

外形：饼形圆正饱满，松紧适度，饼面显金毫

汤色：红浓透亮

香气：陈香明显，甜香浓郁

滋味：甜醇顺滑

叶底：色泽褐红，稍显嫩梗

勐海青沱

产品介绍：

沱茶典范，烟香特选。本品采用高级复古版面设计，致敬经典；牛皮纸外盒包装，透气的同时利于产品转化。

勐海青沱精选云南大叶种晒青毛茶为原料，经6年时光自然陈化，以入选国家级非物质文化遗产名录的“大益茶制作技艺”精制而成。

重量：100g/沱

批次：2301

包装：天地盖牛皮纸盒包装（1沱/盒）；
中盒包装（专用棉纸，5沱/中盒）

审评结果：

外形：沱形端正，条索细嫩紧结，银毫显露

汤色：橙黄明亮

香气：烟香高扬，陈香初显，杯底烟蜜香馥郁持久

滋味：醇厚饱满，茶汤稠润协调

叶底：色泽绿黄，较嫩匀

勐海青饼

产品介绍：

本品精选云南大叶种晒青毛茶为原料，经勐海源仓 6 年时光自然陈化，以入选国家级非物质文化遗产名录的“大益茶制作技艺”精制而成。

大益勐海茶厂专业研发团队历经一年多时间悉心打磨，发挥原料储备、配方创新等多重优势，精心拼配、反复打样，方成就勐海青饼高配烟香的浓郁之气。

重量：357g/ 饼

批次：2301

包装：中提包装（专用棉纸，通用纸袋，专用中提盒，7 饼 / 袋 / 提）；礼盒装（1 饼 / 盒，配手提袋）

审评结果：

外形：饼形圆润端正，条索紧结、银毫撒面

汤色：橙黄明亮

香气：烟香纯正，带蜜香、陈香

滋味：浓强，回甘持久

叶底：色泽黄绿，嫩匀、舒展

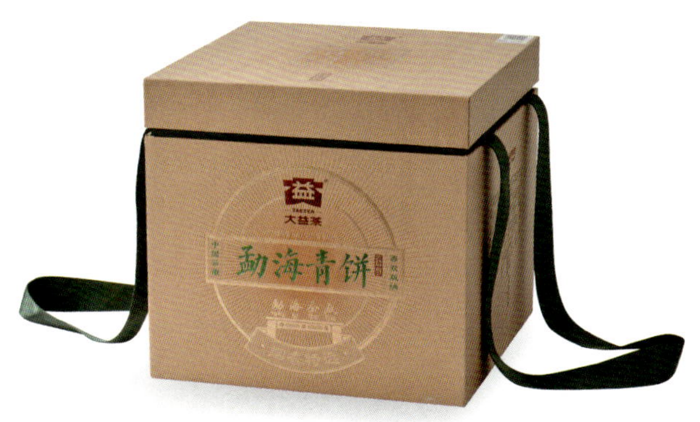

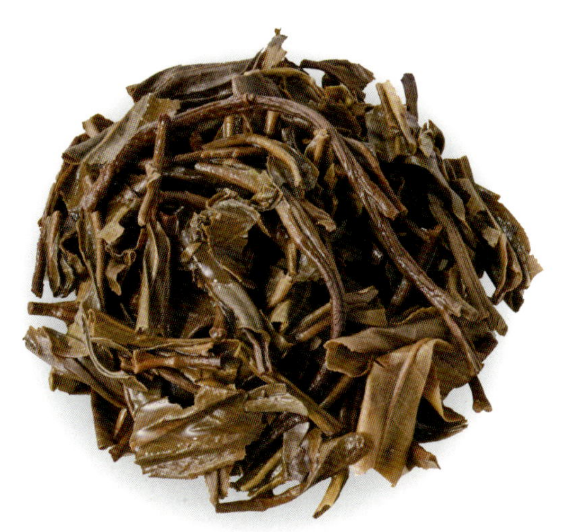

传奇九九

产品介绍：

传奇九九是在大益对易武茶的原料特性、制作工艺、后期转化等有比较系统的认知的基础上开发的一款产品，致敬经典，也是对大益易武茶产品线的完善。

本产品精选易武古六大茶山，大树级优质晒青毛茶为原料，经3年自然陈化，再经入选国家级非物质文化遗产名录的“大益茶制作技艺”精制而成。

重量：357g/饼

批次：2301

包装：中提包装（专用棉纸，通用纸袋，专用中提盒，7饼/袋/提）；礼盒装（1饼/盒，配专用手提袋）；品鉴装（48g/盒）

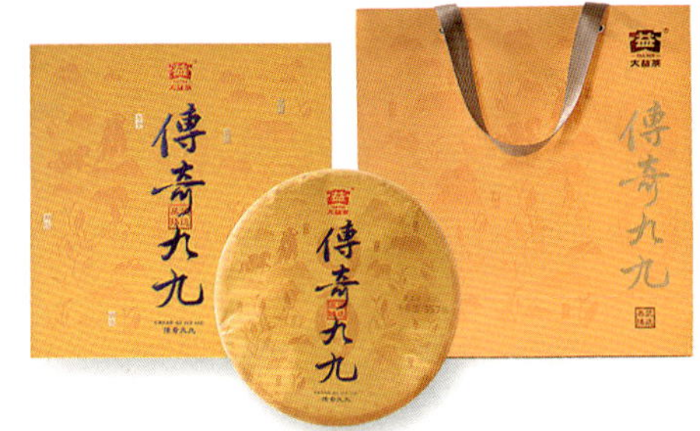

审评结果：

外形：饼形圆整饱满，色泽乌润，条索修长俊壮，坚韧有力

汤色：蜜黄油润

香气：蜜甜香高扬独特，花蜜香清幽持久

滋味：入口绵柔细腻，醇润富有层次感，香扬水甜，圆融酣畅，韵味悠长

叶底：黄绿，长嫩茎多，叶片舒展

福至运来

产品介绍：

福至运来是一款生熟组合礼盒产品，原料均精选云南大叶种晒青毛茶为原料，生茶经3年时光自然陈化，熟茶经5年时光自然陈化；以入选国家级非物质文化遗产名录的“大益茶制作技艺”精制而成。

本产品选料考究，设计风格喜庆大气，送礼自饮皆宜。

（生茶）

重量：357g/饼

批次：2301

包装：礼盒套装（生＋熟双饼/盒，配手提袋）

审评结果：

外形：饼形端正，松紧适度，条索肥壮清晰、银毫撒面

汤色：黄亮

香气：花香、蜜香高扬且持久，略带烟香

滋味：浓强饱满、层次丰富，烟香入汤，回甘生津迅速，余韵悠长

叶底：色泽黄绿，较嫩匀

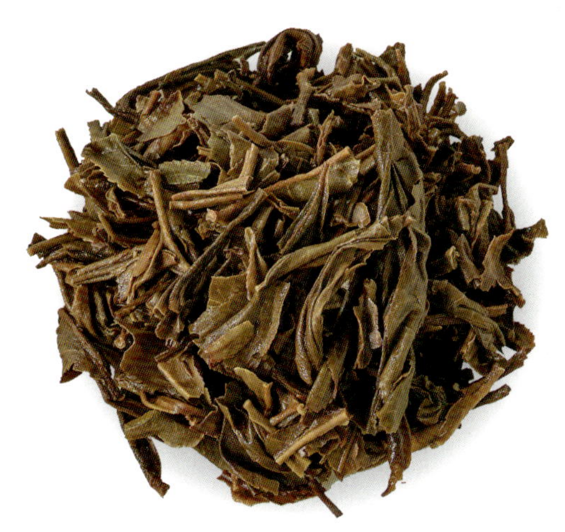

（熟茶）

重量：357g/ 饼

批次：2301

包装：礼盒套装（生 + 熟双饼 / 盒，配手提袋）

审评结果：

外形：圆润饱满，松紧适宜，条索紧细、金毫撒面

汤色：红浓明亮

香气：陈香显著，带甜香

滋味：醇滑细腻，汤感黏稠、甜润

叶底：色泽褐红，较匀整

陈风华

产品介绍：

本产品精选云南勐海优质大叶种晒青毛茶为原料，经入选国家级非物质文化遗产名录的“大益茶制作技艺”精制而成，历经12年时光醇化，陈韵彰显。

重量：357g/饼

批次：2301

包装：中提包装（专用棉纸，通用纸袋，专用中提盒，7饼/袋/提）；礼盒装（1饼/盒，配专用手提袋）；品鉴装（8g/袋×2袋/盒）

审评结果：

外形：饼形圆润饱满，色泽乌润，条索清晰

汤色：橙黄明亮

香气：烟陈香明显，果蜜香浓郁

滋味：陈醇饱满，茶劲十足

叶底：色泽绿黄，活润匀整

200g7262

产品介绍：

本品精选普洱茶核心产区勐海大叶种晒青毛茶为原料，经入选国家级非物质文化遗产名录的大益茶制作技艺”加工而成。

本产品采用金芽铺面，里茶等级为3~7级，发酵度7~8成熟，为产品的品质带来梯度转化，形成了特有的香气及口感。

重量：200g/ 饼

批次：2301

包装：直线盒包装（1 饼 / 盒）；中提包装（专用棉纸，通用纸袋，专用中提盒，7 饼 / 袋 / 提）

审评结果：

外形：饼形周正圆润，松紧适度，撒面均匀

汤色：红浓明亮

香气：香气醇正，甜香显著，带糖香

滋味：醇和顺滑，口感柔润细腻，协调性好

叶底：褐红较匀

200g 经典老五样

产品介绍：

大益经典老五样是勐海茶厂自 20 世纪 70 年代起陆续推出的五款经典唛号茶，分别是 7542、7572、8582、8592、7262。历经 40 余年品质与市场的反复考验，从销量规模、市场覆盖率、品牌影响力及文化内涵，不断历练与沉淀，成为大益产品结构中极为重要的构成部分，而且在岁月变迁中，始终保持着稳定不变的品质。

7542 是勐海茶厂产量最大的普洱茶产品，本品以肥壮茶青为里，幼嫩芽叶撒面，以中壮茶青为骨架，研配得当，结构饱满；后期转化较为丰富，深受广大茶友喜爱。

7572 成方于 20 世纪 70 年代，茶品以金毫细茶撒面，中壮茶青为里，口感丰富，综合品质较高，为广大茶友所推崇。

8582 配方于 1985 年研制成功，因用料相对成熟，茶条间隙大，陈化速度快，深受广大茶友喜爱。

8592 甜度较高，香气显甜香、木香；茶品在后期转化上也颇具优势。

7262 从 20 世纪 90 年代中期生产至今，以其较高的品质在第六届（香港）国际名茶评比中获得“国际名茶银奖”的殊荣。

重量：200g/ 饼；1000g/ 提

包装：专用棉纸，专用直线盒，1 饼 / 盒，专用中提盒，5 饼 / 提

7542

大益七子饼茶
7542
TAETEA
大益茶
普洱茶（生茶）
净含量:200克
中国云南·西双版纳·勐海茶厂出品
MANUFACTURED BY MENGHAI TEA FACTORY, XISHUANGBANNA, YUNNAN, CHINA

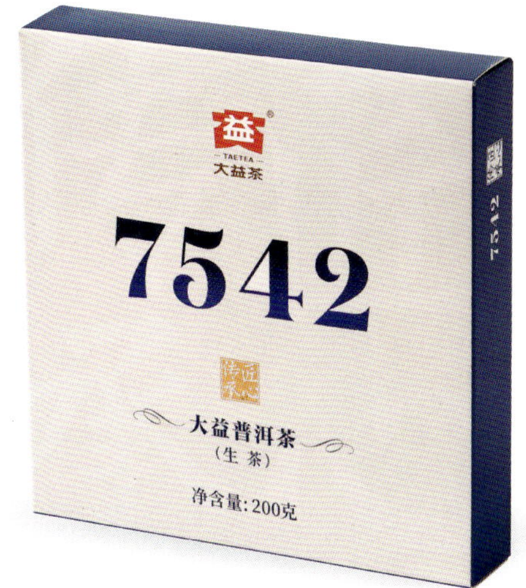

TAETEA
大益茶
7542
大益普洱茶
（生 茶）
净含量:200克

7572

大益七子饼茶
TAETEA
大益茶
7572
普洱茶（熟茶）
净含量:200克
中国云南·西双版纳·勐海茶厂出品
MANUFACTURED BY MENGHAI TEA FACTORY, XISHUANGBANNA, YUNNAN, CHINA

TAETEA
大益茶
7572
大益普洱茶
（熟茶）
净含量:200克

TAETEA
大益茶

8582

大益七子饼茶
TAETEA
大益茶
8582
普洱茶(生茶)
净含量:200克
中国云南·西双版纳·勐海茶厂出品
MANUFACTURED BY MENGHAI TEA FACTORY, XISHUANGBANNA, YUNNAN, CHINA

大益茶
8582
大益普洱茶
(生茶)
净含量:200克

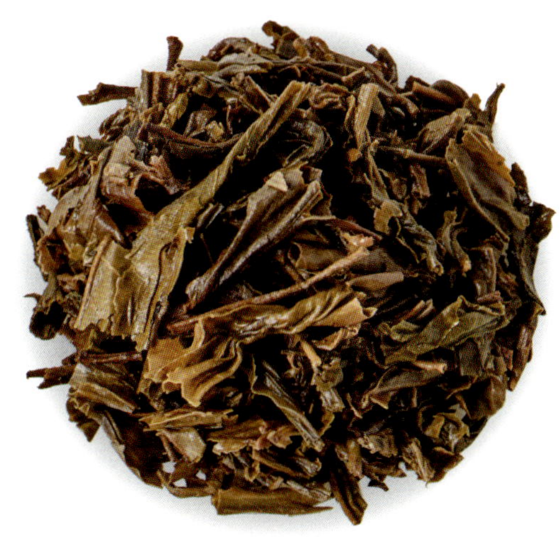

8592

大益七子饼茶
TAETEA
大益茶
8592
普洱茶(熟茶)
净含量:200克
匠心
传承
中国云南·西双版纳·勐海茶厂出品
MANUFACTURED BY MENGHAI TEA FACTORY, XISHUANGBANNA, YUNNAN, CHINA

TAETEA
大益茶
8592
匠心
传承
大益普洱茶
(熟茶)
净含量:200克

TAETEA

7262

大益七子饼茶
7262
TAETEA
大益茶
普洱茶(熟茶)
净含量:200克
匠心传承
中国云南·西双版纳·勐海茶厂出品
MANUFACTURED BY MENGHAI TEA FACTORY, XISHUANGBANNA, YUNNAN, CHINA

TAETEA
大益茶
7262
大益普洱茶
(熟茶)
净含量:200克

经典普洱 100

产品介绍：

本品甄选普洱茶核心产区，勐海茶山大叶种晒青毛茶为原料，经入选国家级非物质文化遗产名录的“大益茶制作技艺”加工而成。原料经 5 年勐海源仓自然陈化，时光韵味娓娓道来。

（生茶）

重量：100g/ 饼

批次：2301

包装：专用棉纸，专用直线盒，1 饼 / 盒，5 盒 / 中盒

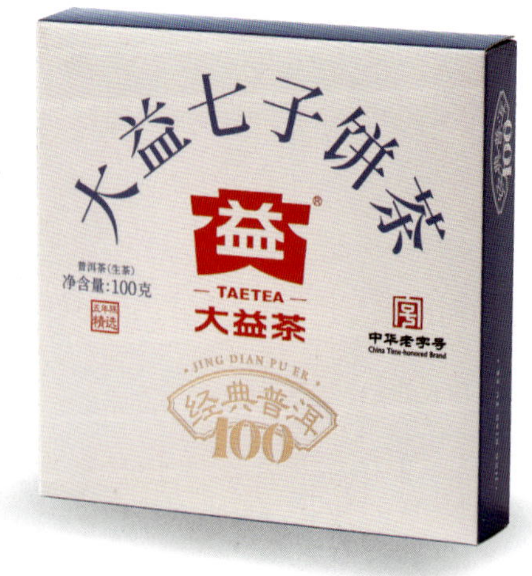

审评结果：

外形：饼形圆正饱满，条索紧结，饼面显毫

汤色：深黄明亮

香气：蜜甜香显著，陈香初显

滋味：协调饱满，回甘生津明显

叶底：色泽深绿，稍显嫩茎

（熟茶）

重量：100g/ 饼

批次：2301

包装：专用棉纸，专用直线盒，1 饼 / 盒，5 盒 / 中盒

审评结果：

外形：饼形圆润，松紧适度，显金毫

汤色：红亮

香气：陈香明显，甜香浓郁

滋味：甜醇顺滑

叶底：色泽褐红，稍显嫩梗

巴达（青饼）

产品介绍：

本品精选云南勐海名山——巴达山大叶种晒青毛茶为原料，以入选国家级非物质文化遗产名录的“大益茶制作技艺”加工而成。经5年自然陈化，时光长河韵味万千，个中惊喜且尝且品。

重量：357g/饼

批次：2301

包装：礼盒装（1饼/盒，配专用手提袋）；中提包装（专用棉纸，通用纸袋，专用中提盒，7饼/袋/提）

审评结果：

外形：圆润饱满，条索肥壮紧结，银毫突显

汤色：深黄明亮

香气：花香高扬，清甜香明显

滋味：醇和清爽，汤中带甜，回甘持久

叶底：色泽绿黄嫩匀

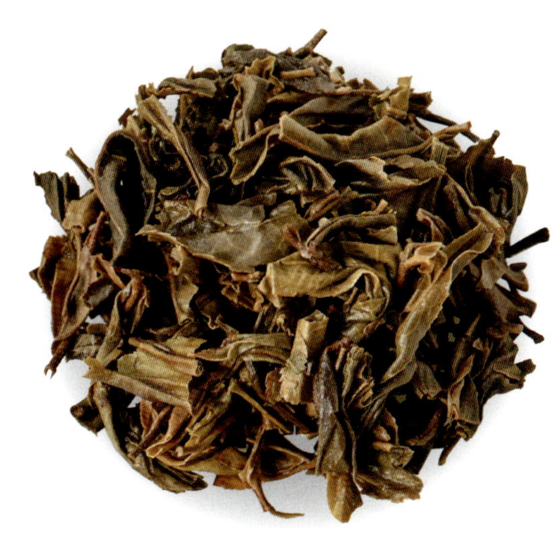

勐宋（青饼）

产品介绍：

本品精选云南勐海名山——勐宋山大叶种晒青毛茶为原料，经入选国家级非物质文化遗产名录的“大益茶制作技艺”加工而成。5年自然陈化，时光长河韵味万千，个中惊喜且尝且品。

重量：357g/饼

批次：2301

包装：礼盒装（1饼/盒，配专用手提袋）；中提包装（专用棉纸，通用纸袋，专用中提盒，7饼/袋/提）

审评结果：

外形：圆润饱满，条索黑亮紧结，显芽毫

汤色：深黄明亮

香气：蜜甜香纯正

滋味：醇正协调，口感饱满，回甘生津迅速

叶底：色泽黄绿，显嫩茎

山海烟云

产品介绍：

本品精选云南大叶种晒青毛茶为原料，勐海源仓7年时光自然陈化，经入选国家级非物质文化遗产名录的“大益茶制作技艺”加工而成。

重量：500g/片

批次：2301

包装：礼盒装（1片/盒）

审评结果：

外形：茶砖方正，条索清晰完整，显芽毫

汤色：橙黄明亮

香气：烟陈香馥郁

滋味：醇正饱满，回甘生津快，杯香持久

叶底：色泽绿黄匀整，显嫩茎

金针白莲（饼茶）

产品介绍：

“金针白莲”者，其芽紧细似针，金毫突显，是为“金针”；色泽栗色泛灰白，透荷香之气，独具莲韵，是为“白莲”。

金针白莲以细嫩晒青毛茶为原料，采用精湛的发酵工艺及拼配工艺制成。汤色褐红，荷香独特，滋味甘醇细腻，品饮与收藏俱佳；曾获2005年中国国际茶叶博览会金奖。

该产品为纪念普洱熟茶发酵工艺研制成功50周年而推出，棉纸印刻“普洱熟茶发酵工艺研制成功五十周年”纪念图标，彰显其身份尊贵。

重量：357g/饼

批次：2301

包装：专用棉纸，通用纸袋，专用中提盒，7饼/袋/提

审评结果：

外形：饼形周正，松紧适度，饼面金毫显露

汤色：褐红

香气：荷香、糖香，带陈香

滋味：醇厚顺滑，糯感明显

叶底：色泽褐红，匀整

金针白莲（砖茶）<2301>

产品介绍：

本产品经典复刻 2007 年金针白莲砖茶，砖面呈传统乳钉状；外包装选用复古牛皮纸，配以莲花纹样、如意纹、龙纹等经典传统文化元素，辅以烫金工艺，将传统与现代有机结合，提升产品的质感。

产品以细嫩晒青毛茶为原料，采用现代普洱茶发酵工艺精心制造，发酵适度，茶芽肥嫩显金毫，汤色红浓，香气独特显荷香。

重量：250g/ 片

批次：2301

包装：专用棉纸，专用直线盒，1 片 / 盒，专用中提盒，5 盒 / 提

审评结果：

外形：砖形端正，松紧适宜，芽头肥硕、金毫密布

汤色：褐红

香气：荷香、陈香馥郁

滋味：醇厚顺滑，口感细腻

叶底：色泽褐红，红匀油亮，柔软

金针白莲（砖茶）<2302>

产品介绍：

金针白莲砖茶属于经典再现产品，与饼茶在规格和销售渠道上有所区分，便于销售推广。本产品以细嫩晒青毛茶为原料，采用现代普洱茶发酵工艺精心制造，发酵适度，茶芽肥嫩显金毫，汤色红浓，香气独特显荷香。

该产品为纪念普洱熟茶发酵工艺研制成功50周年而推出，棉纸印刻“普洱熟茶发酵工艺研制成功五十周年”纪念图标，彰显其身份尊贵。

重量：250g/片

批次：2302

包装：专用棉纸，专用直线盒，1片/盒，专用中提盒，5盒/提

审评结果：

外形：砖形端正，松紧适宜，芽头肥硕、金毫密布

汤色：褐红

香气：荷香、陈香馥郁

滋味：醇厚顺滑，口感细腻

叶底：色泽褐红，红匀油亮，柔软

吉祥沱茶

产品介绍：

“吉者，福善之事；祥者，嘉庆之徵”；吉祥沱茶，取“吉祥”之寓意，表达对美好生活的祝愿。产品精选西双版纳勐海茶区优质晒青毛茶为原料，采用入选国家级非物质文化遗产名录的“大益茶制作技艺”加工而成。

重量：100g/沱

批次：2301

包装：专用棉纸，专用外盒，1沱/盒

审评结果：

外形：沱形周正，条索紧细，芽毫明显

汤色：橙黄明亮

香气：烟香明显，带清香、果香

滋味：醇和稍厚，冰糖韵显著

叶底：色泽黄绿，较匀整

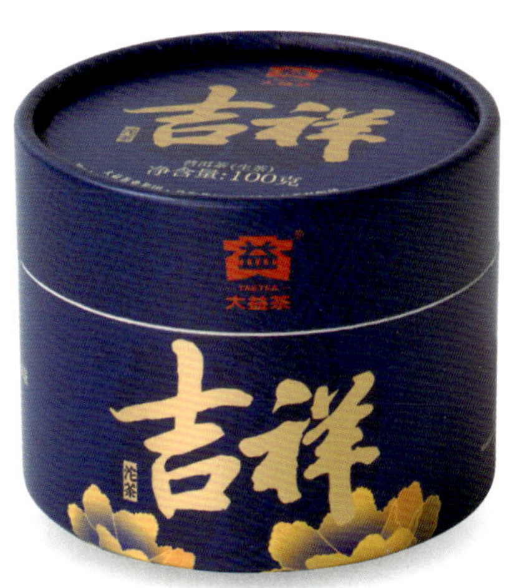

如意沱茶

产品介绍：

“如意”源于我们日常生活，明清时期如意发展到鼎盛阶段，因其珍贵的材质和精巧的工艺而广为流行；以灵芝造型为主的如意被赋予了吉祥的涵义。随着时间的沉淀，“如意”一词被人们赋予了美满、健康、吉祥的象征。

本产品取名曰“如意沱茶”，以茶为载体，为消费者带来“如意”的生活品质。产品精选勐海茶区优质大叶种晒青毛茶为原料，并经适度发酵制作而成，宜品宜藏。

重量：100g/ 沱

批次：2301

包装：专用棉纸，专用外盒，1 沱 / 盒

审评结果：

外形：沱形周正，条索紧结，金毫明显	
汤色：红浓	
香气：糖香、甜香	
滋味：醇和稍厚，甜滑适口	
叶底：色泽褐红，嫩匀	

150g7572

产品介绍：

7572 是勐海茶厂的大宗普洱熟茶，从 20 世纪 70 年代中期生产至今，采用金毫细茶撒面，青壮茶青为里茶，发酵适度，综合品质高，为大众所推崇，被市场誉为评判普洱熟茶（普饼）品质的标杆产品。

150g 玲珑小饼，精巧便携，随时随地享受一段普洱茶时光。

重量：150g/ 饼

批次：2301

包装：专用棉纸，专用直线盒，1 饼 / 盒，5 盒 / 中盒

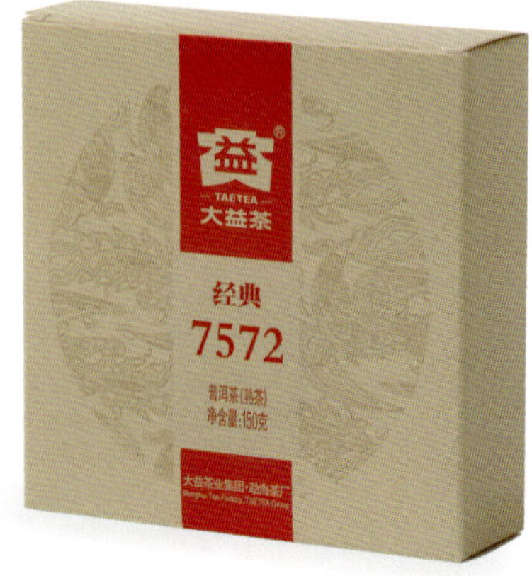

审评结果：

外形：饼形圆润饱满，松紧适度，色泽乌润，金毫撒面

汤色：红浓明亮

香气：焦糖香、甜香

滋味：醇厚协调，滑润适口

叶底：色泽褐红，稍显梗

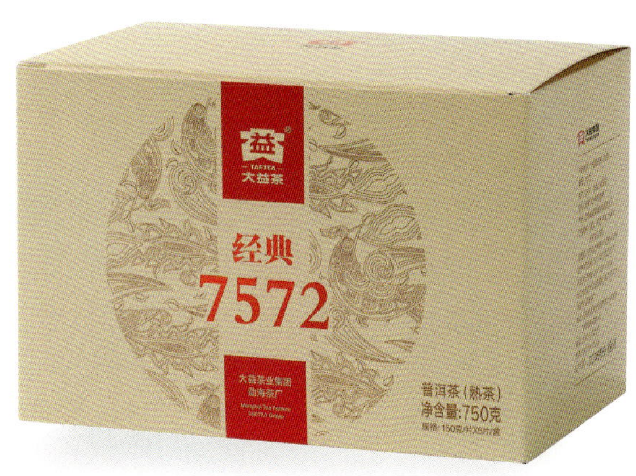

醇品普洱

产品介绍：

醇品普洱熟茶，精选勐海高山茶区粗壮陈年茶青为原料，经独特的发酵技术，成熟的拼配方法，精心加工而成。干茶条索肥壮、金毫显露，香气纯正持久，汤色红浓透亮，口感细腻甘醇。为口粮茶的畅销产品。

重量：357g/ 饼

批次：2301

包装：专用棉纸，通用纸袋，7 饼 / 袋

审评结果：

外形：饼形圆整，条索肥壮显毫

汤色：红浓

香气：糖香，带陈香

滋味：醇厚、协调性好

叶底：色泽褐红，尚匀整

小龙柱

产品介绍：

小龙柱传承“龙团凤饼”的设计理念，精选勐海地区生态茶园中的细嫩芽叶为原料，采用大益茶制作技艺精制而成，茶叶条索紧细匀整，金毫显露，汤色红浓明亮，滋味浓醇。

小龙柱茶饼小巧而厚实，配以明黄色六边礼盒包装，大气美观，是大益普洱熟茶中集自饮、馈赠与珍藏于一身的高端产品。

重量：357g/ 饼

批次：2301

包装：专用棉纸，专用中提盒，5 饼 / 提

审评结果：

外形：饼形圆润饱满，金毫显露

汤色：红浓透亮

香气：陈香、糖香

滋味：醇厚，入口稍苦，回甘

叶底：色泽褐红油润，细嫩柔软

玉华浓

产品介绍：

玉华浓灵感来源于李白诗句“云想衣裳花想容，春风拂槛露华浓”，是盛唐气象的代表。包装选用浓墨陈色铺面，大气雍容，烫金花色中心绽彩，恰若历史深处的灯火通明。用茶之语言，让古代与现代，在此处相逢，重新演绎直排入云霄的盛唐气概。

玉华浓，由大益拼配师反复研配、调试，精选云南大叶种晒青茶为原料，经入选国家级非物质文化遗产名录的“大益茶制作技艺”加工而成。茶饼端正，条索肥壮，金毫显露，汤色红浓，滋味醇厚润滑。

重量：357g/饼

批次：2301

包装：专用棉纸，通用纸袋，专用中提盒，7饼/袋/提

审评结果：

外形：饼形端正，条索肥壮，色泽红褐油润，金毫显露

汤色：红浓

香气：糖香，带木香

滋味：醇厚，甜润

叶底：色泽褐红，尚匀整

金荷流香

产品介绍：

金荷流香是一款生熟组合礼盒产品，原料均精选云南大叶种晒青毛茶为原料，生茶经 4 年时光自然陈化，熟茶经 5 年时光自然陈化；经入选国家级非物质文化遗产名录的“大益茶制作技艺”精制而成。

产品选料考究，设计风格喜庆大气，送礼、自饮皆宜。

金荷（生茶）

重量：357g/ 饼

批次：2301

包装：礼盒装（1 饼 / 盒，配手提袋）；礼盒套装（生 + 熟双饼 / 盒，配手提袋）

审评结果：

外形：饼形端正，松紧适度，条索肥壮清晰、银毫撒面

汤色：橙黄明亮

香气：烟香，果香、蜜香浓郁

滋味：醇和稍厚，回甘生津显

叶底：色泽黄绿，肥壮

流香（熟茶）

重量：357g/饼

批次：2301

包装：礼盒装（1饼/盒，配手提袋）；礼盒套装（生+熟双饼/盒，配手提袋）

审评结果：

外形：圆润饱满，松紧适宜，条索紧细、金毫撒面

汤色：红浓明亮

香气：糖香，甜香明显带陈香

滋味：醇厚，甜润

叶底：色泽褐红、条索肥硕

普洱小金砖

产品介绍：

普洱小金砖创新产品设计，以高颜值小清新包装呈现；小规格独立包装，方便携带；一次一颗，省去撬茶环节，品饮方便。

该产品采用勐海高山茶区细嫩晒青毛茶为原料，经入选国家级非物质文化遗产名录的“大益茶制作技艺”发酵而成。

重量：140g/盒

批次：2301

包装：轻礼盒（5g/砖，7砖/条，4条/盒）

审评结果：

外形：砖形端正，松紧适度，金毫显露

汤色：红褐透亮

香气：甜香高扬

滋味：醇和，甜润

叶底：色泽褐红，尚匀，条索细嫩

百福臻祥（散茶）

产品介绍：

本品以普洱茶核心产区——勐海高海拔地区的大叶种晒青毛茶为原料，精选三级茶青，以入选国家级非物质文化遗产名录的“大益茶制作技艺”加工而成；独立袋装散茶、礼盒包装，送礼自饮皆宜。

重量：180g/盒

批次：2301

包装：礼盒套装（90g/盒 ×2 盒，配手提袋）

审评结果：

外形：色泽褐润有光泽，条索紧秀匀齐，芽叶分明

汤色：红浓透亮

香气：陈香纯正，甜香浓郁

滋味：醇厚饱满，汤感顺滑细腻，回味甜润愉悦

叶底：红褐油润，柔嫩匀齐

7.5g 品益（解散茶套装）

产品介绍：

本品以云南大叶种晒青毛茶为原料，经入选国家级非物质文化遗产名录的“大益茶制作技艺”精制而成，10年陈化，越陈越香；撬散茶独立包装，方便携带、品饮；生、熟组合，一次购买两种体验。

重量：7.5g/ 袋

批次：2301

包装：礼盒套装（7.5g/ 袋 ×20 袋 / 盒）；
品鉴装（7.5g/ 袋 ×2 袋）

（生茶）

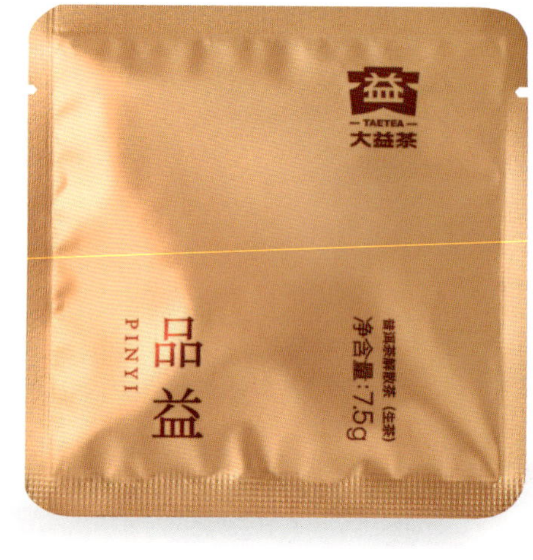

审评结果：

外形：色泽乌润，条索匀整，芽叶清晰显毫

汤色：橙黄明亮

香气：陈香高扬，果蜜香馥郁，略带烟香

滋味：陈醇饱满，苦涩易化，回甘生津迅速且持久

叶底：陈化均匀

（熟茶）

审评结果：

外形：色泽褐润，条索匀整，芽叶肥硕显金毫

汤色：红浓明亮

香气：陈香浓郁，甜香悠扬

滋味：甜醇饱满，协调顺滑

叶底：褐红匀整

宫廷青柑（套装）

产品介绍：

宫廷青柑采用创意“9+3”组合，在传统小青柑礼盒的基础上增加了宫廷级散茶茶包，9颗小青柑搭配3袋宫廷散茶，用户可个性DIY，随意调配柑茶比，满足不同的品饮需求。

优选新会柑核心产区7月下旬小青柑，搭配勐海茶厂宫廷普洱熟茶精制而成。头采的小青柑油室饱满，柑油丰富；宫廷普洱熟茶金毫明显，芽头饱满。柑茶相融，柑蕴茶青，茶蕴柑馨，茶香与柑香交织成韵。

重量：120g/盒

批次：2301

包装：礼盒套装（120g/盒，配手提袋）

审评结果：

汤色：红浓

香气：柑果香、甜香

滋味：醇厚爽滑

叶底：茶叶色泽红褐，柔嫩；柑皮柔韧有光泽

经典普洱（生茶）

产品介绍：

勐海原产地，生普正味。80余年制茶史，国家非遗技艺，专业拼配，成就地道生普味道。陈香纯正，口感丰富，层次明显，品质与口感的完美结合。四角袋泡，拥有出色的渗透萃取性，多维释放茶香，环保可降解。茶包利用热压自粘，安全健康，无异味。15cm杀菌食品级棉线，起起伏伏随心掌握。

重量：45g（1.8g×25袋）

包装：盒装

审评结果：

汤色：橙黄明亮

香气：花香馥郁，清香高爽

滋味：醇厚甜滑

叶底：匀净

经典普洱（熟茶）

产品介绍：

原产地，勐海味。83年制茶历史，50年发酵技艺，成就地道勐海味。四角袋泡，拥有出色的渗透萃取性，多维释放茶香，环保可降解。茶包利用热压自粘，安全健康，无异味。15cm杀菌食品级棉线，起起伏伏随心掌握。

重量：45g（1.8g×25袋）

包装：盒装

审评结果：

汤色：红艳透亮

香气：陈香馥郁，甜香浓郁

滋味：醇厚顺滑

叶底：匀净

陈皮普洱

产品介绍：

勐海与新会，一场山高水远的遇见。普洱与陈皮结合，陈皮香显，果香相伴。醇和巧遇芬芳，品质与口感的完美结合。四角袋泡，拥有出色的渗透萃取性，多维释放茶香，环保可降解。茶包利用热压自粘，安全健康，无异味。15cm杀菌食品级棉线，起起伏伏随心掌握。

重量：40g（1.6g×25袋）

包装：盒装

审评结果：

汤色：红亮清透

香气：柑香馥郁，甜香十足

滋味：醇滑甜润

叶底：匀净

菊花普洱

产品介绍：

勐海与桐乡，一场天南地北的遇见；普洱与菊花，一杯芬芳馥郁的相逢。茶与花的合理搭配，品质与口感完美结合。四角袋泡，拥有出色的渗透萃取性，多维释放茶香，环保可降解。茶包利用热压自粘，安全健康，无异味。15cm杀菌食品级棉线，起起伏伏随心掌握。

重量：40g（1.6g×25袋）

包装：盒装

审评结果：

汤色：红亮

香气：菊香悠长，清甜芬芳

滋味：醇和清甜

叶底：匀净

玫瑰普洱

产品介绍：

勐海与平阴，一场天南地北的遇见。普洱与玫瑰，一杯芬芳馥郁的相逢。醇和巧遇芬芳，品质与口感的完美结合。四角袋泡，拥有出色的渗透萃取性，多维释放茶香，环保可降解。茶包利用热压自粘，安全健康，无异味。15cm 杀菌食品级棉线，起起伏伏随心掌握。

重量：40g（1.6g×25 袋）

包装：盒装

审评结果：

汤色：红浓

香气：玫瑰花香馥郁，甜香十足

滋味：醇和，酸甜适宜

叶底：匀净

茉莉普洱

产品介绍：

勐海与元江，一场山高水远的遇见。普洱与茉莉，清香醉人，醇和巧遇芬芳，品质与口感的完美结合。四角袋泡，拥有出色的渗透萃取性，多维释放茶香，环保可降解。茶包利用热压自粘技术，安全健康，无异味。15cm杀菌食品级棉线，起起伏伏随心掌握。

重量：40g（1.6g×25袋）

包装：盒装

审评结果：

汤色：橙黄明亮

香气：茉莉香高扬，清香持久

滋味：清甜鲜爽

叶底：匀净

东莞大益产品

源知味（生茶）

产品介绍：

天赋源叶，知真本味。本产品精选云南大叶种晒青毛茶为原料，历经3年时光自然醇化，经入选国家级非物质文化遗产名录的“大益茶制作技艺”精制而成。

重量：357g/饼

批次：2301

包装：单饼礼盒装（1饼/盒，配手提袋）

审评结果：

外形：	饼形端正，松紧适度，条索紧细显银毫，撒面均匀
汤色：	蜜黄明亮
香气：	花蜜香纯正，伴随烟陈香
滋味：	浓强饱满，烟香入汤，回甘生津迅速
叶底：	色泽黄绿稍陈，较匀整

源知味（熟茶）

产品介绍：

天赋源叶，知真本味。本产品选用云南大叶种晒青毛茶为原料，经入选国家级非物质文化遗产名录的“大益茶制作技艺”发酵、精制而成。

重量：357g/饼

批次：2301

包装：单饼礼盒装（1饼/盒，配手提袋）

审评结果：

外形：饼形圆润饱满，松紧适宜，条索较紧细，撒面均匀

汤色：红浓明亮

香气：陈香浓郁

滋味：醇和润滑

叶底：色泽褐红，较壮硕、较匀整

启福迎祥

产品介绍：

茶启鸿福，人迎吉祥。启福迎祥双饼礼盒，内含一生一熟两款普洱饼茶，礼盒通体印有牡丹缠枝花式，辅以如意通宝纹与祥云纹，有富贵荣华、繁荣昌盛的寓意，整体以尊贵紫搭配如意朱柿，高级撞色惊艳视觉。

（生茶）

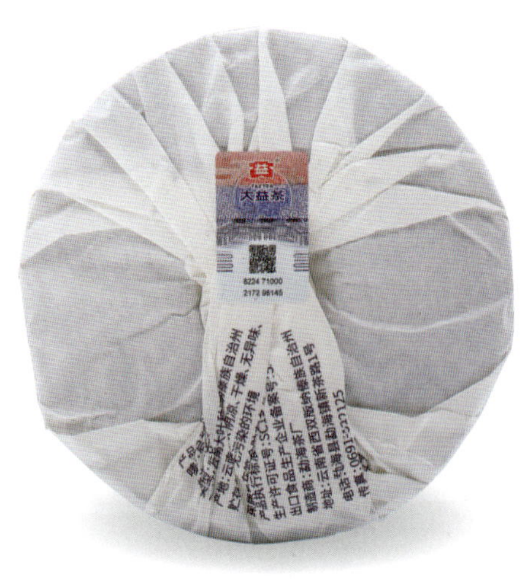

重量：357g/ 饼

批次：2301

包装：礼盒套装（生 + 熟双饼 / 盒，配手提袋）

审评结果：

外形：饼形端正，松紧适度，条索紧结，银毫撒面

汤色：橙黄明亮

香气：花蜜香纯正、持久

滋味：醇厚，蜜甜，回甘生津快

叶底：色泽黄绿，较嫩匀、舒展

（熟茶）

重量：357g/ 饼

批次：2301

包装：礼盒套装（生 + 熟双饼 / 盒，配手提袋）

审评结果：

外形：饼形圆润饱满，松紧适宜，条索紧细、金毫撒面

汤色：红浓明亮

香气：陈香浓郁、持久

滋味：醇滑饱满，甜润

叶底：色泽褐红，匀整

锦绣岁礼（生茶）

产品介绍：

江山锦绣，岁月成礼。本产品精选云南大叶种晒青毛茶为原料，历经6年时光自然醇化，经入选国家级非物质文化遗产名录的“大益茶制作技艺”精制而成，陈韵初显。

重量：357g/饼

批次：2301

包装：单饼礼盒装（1饼/盒，配手提袋）

审评结果：

外形：	饼形端正饱满，松紧适度，条索紧结，撒面均匀
汤色：	橙黄明亮
香气：	蜜甜香带烟陈香
滋味：	浓厚饱满，回甘持久
叶底：	色泽黄绿转陈，较匀整

锦绣岁礼（熟茶）

产品介绍：

江山锦绣，岁月成礼。本产品选用云南大叶种晒青毛茶为原料，经入选国家级非物质文化遗产名录的“大益茶制作技艺”发酵、精制而成，甜香浓郁，醇滑黏稠。

重量：357g/饼

批次：2301

包装：单饼礼盒装（1饼/盒，配手提袋）

审评结果：

外形：饼形圆润饱满，松紧适宜，条索紧细，金毫撒面

汤色：红浓明亮

香气：陈香纯正，甜香舒适

滋味：入口甜润，醇滑黏稠

叶底：色泽褐红，较匀整、稍显梗

松风合月（生茶）

产品介绍：

本产品精选云南大叶种晒青毛茶为原料，历经3年时光自然醇化，经入选国家级非物质文化遗产名录的“大益茶制作技艺”精制而成，蜜甜香浓郁，陈香初显。

重量：357g/饼

批次：2301

包装：单饼礼盒装（1饼/盒，配手提袋）

审评结果：

外形：饼形端正，松紧适度，条索肥壮清晰、银毫撒面

汤色：黄亮

香气：蜜甜香浓郁，陈香初显

滋味：浓强饱满，蜜甜持久，烟香入汤

叶底：色泽黄绿，较嫩匀

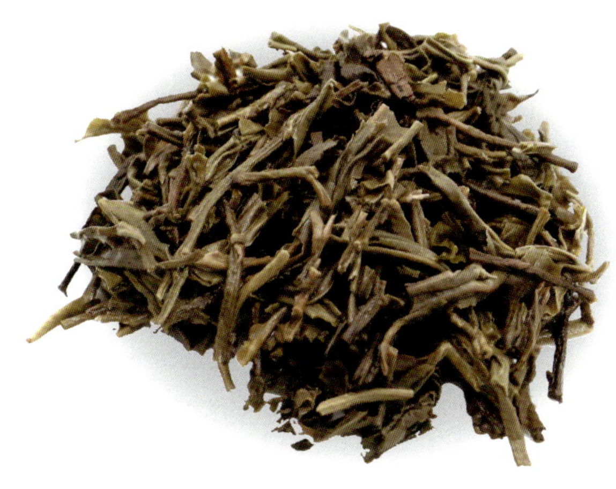

松风合月（熟茶）

产品介绍：

本产品选用云南大叶种晒青毛茶为原料，经入选国家级非物质文化遗产名录的“大益茶制作技艺”发酵、精制而成，陈香明显，甜香纯正。

重量：357g/饼

批次：2301

包装：单饼礼盒装（1饼/盒，配手提袋）

审评结果：

外形：饼形圆润饱满，松紧适宜，条索紧细，金毫撒面

汤色：红浓明亮

香气：陈香明显，甜香纯正

滋味：稠厚顺滑，甜润

叶底：色泽褐红，较匀整

峰峦叠翠（生茶）

产品介绍：

本产品精选云南大叶种晒青毛茶为原料，经入选国家级非物质文化遗产名录的“大益茶制作技艺”精制而成，烟香与花蜜香融合，回甘持久。

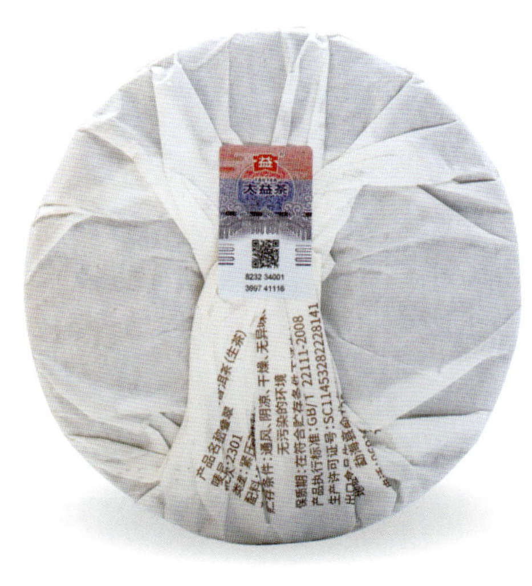

重量：357g/饼

批次：2301

包装：单饼礼盒装（1饼/盒，配手提袋）

审评结果：

外形：饼形端正饱满，松紧适度，条索紧结、显银毫

汤色：橙黄明亮

香气：烟香带花蜜香

滋味：醇和，回甘生津快

叶底：色泽黄绿，较嫩匀

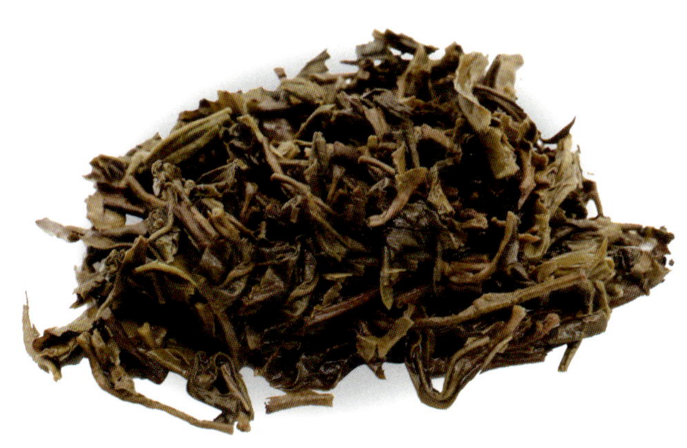

峰峦叠翠（熟茶）

产品介绍：

本产品选用云南大叶种晒青毛茶为原料，经入选国家级非物质文化遗产名录的“大益茶制作技艺”发酵、精制而成，糖香浓郁，醇滑细腻。

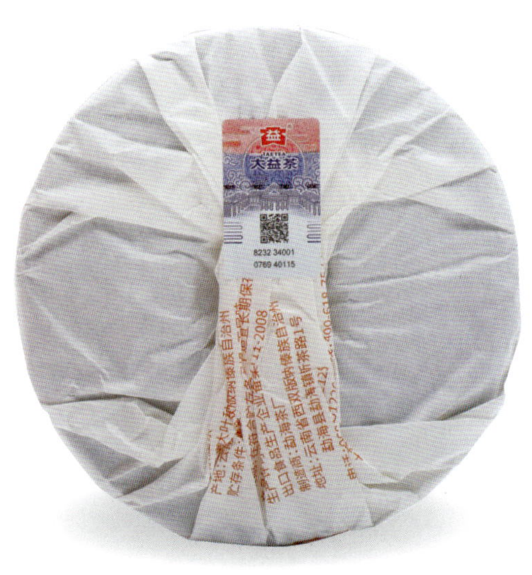

重量：357g/ 饼

批次：2301

包装：单饼礼盒装（1 饼 / 盒，配手提袋）

审评结果：

外形：饼形端正，松紧适度，条索肥硕显金毫

汤色：红浓明亮

香气：糖香浓郁、带甜香

滋味：醇滑饱满，细腻

叶底：色泽红褐，尚嫩匀、稍显梗

宫廷珍藏（生茶）

产品介绍：

本品精选云南大叶种晒青毛茶为原料，经入选国家级非物质文化遗产名录的“大益茶制作技艺”精制而成，历经8年时光醇化，陈香显著。

重量：516g（500g/饼+8g×2袋/小盒）

批次：2301

包装：礼盒套装[（1饼+2袋解散茶）/盒，配手提袋]

审评结果：

外形：饼形端正，松紧适度，条索清晰、银毫撒面

汤色：橙黄明亮

香气：烟陈香协调，花蜜香怡人

滋味：浓厚饱满，香甜如蜜，回味悠长

叶底：色泽黄绿泛陈，嫩匀

宫廷珍藏（熟茶）

产品介绍：

本品精选云南大叶种晒青毛茶为原料，经入选国家级非物质文化遗产名录的“大益茶制作技艺”发酵、精制而成，糖甜浓郁，匠心守味。

重量：516g（500g/饼 +8g×2 袋 / 小盒）

批次：2301

包装：礼盒套装［（1 饼 +2 袋解散茶）/ 盒，配手提袋］

审评结果：

外形：饼形圆润饱满，松紧适宜，条索肥壮清晰、金毫撒面

汤色：红浓明亮

香气：陈香纯正，糖香浓郁

滋味：醇滑稠厚，甜润持久

叶底：色泽红褐，较嫩匀

阿联九号

产品介绍：

“阿联九号”，天选九号，致敬阿联！

“阿联”是球迷对易建联的昵称，“9号”是易建联在广东宏远队穿的球衣号。“9号”见证了易建联在宏远俱乐部以及篮球事业上的辉煌，阿联也凭借着他在篮球领域的出色表现让“9号”成为传奇。

阿联九号（生茶）

产品介绍：

本品精选云南大叶种晒青毛茶为原料，经入选国家级非物质文化遗产名录的“大益茶制作技艺”精制而成，历经9年时光沉淀，陈香馥郁。

重量：357g/饼

批次：2301

包装：礼盒包装（专用棉纸，通用礼盒，1饼/盒，配手提袋）；中提盒包装（专用棉纸，通用纸袋，专用中提盒，7饼/袋/盒）

审评结果：

外形：饼形端正圆整，色泽乌润，条索清晰，金芽突显

汤色：橙亮

香气：陈香馥郁，甜香持久

滋味：醇正饱满，回甘生津

叶底：色泽墨绿，较舒展

阿联九号（熟茶）

产品介绍：

本品精选云南大叶种晒青毛茶为原料，经入选国家级非物质文化遗产名录的“大益茶制作技艺”发酵、精制而成，历经9年时光沁润，陈醇甜滑，经久耐泡。

重量：357g/饼

批次：2301

包装：礼盒包装（专用棉纸，通用礼盒，1饼/盒，配手提袋）；中提盒包装（专用棉纸，通用纸袋，专用中提盒，7饼/袋/盒）

审评结果：

外形：饼形端正圆整，色泽红润，条索肥硕，金毫显露

汤色：红亮剔透

香气：陈香浓郁，甜糖香持久，带木香

滋味：陈醇甜滑，口感纯净细腻

叶底：红匀，肥嫩柔软

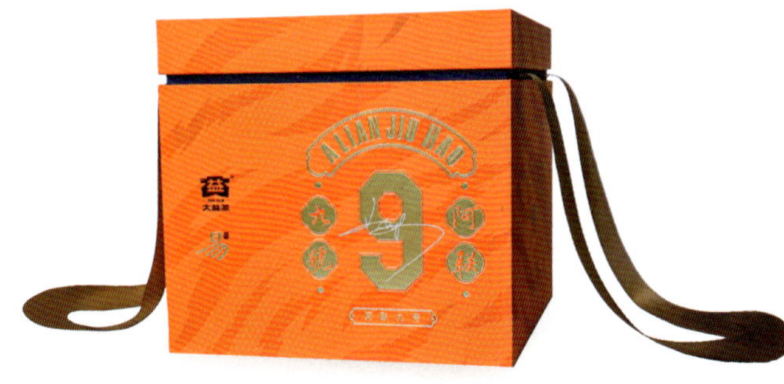

百战荣归

产品介绍：

“百战荣归”以“虎啸”为设计背景，虎啸一声震全场，百战荣归仍少年！

本品精选云南勐海优质大叶种晒青毛茶为原料，经入选国家级非物质文化遗产名录的“大益茶制作技艺”精制而成，历经12年时光醇化，陈醇饱满，张力十足。

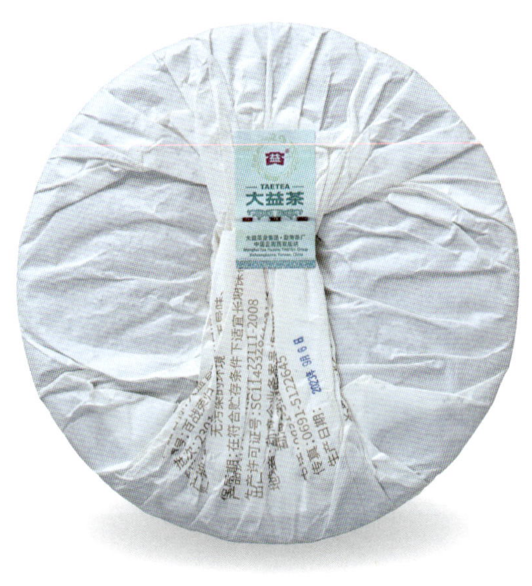

重量：357g/饼

批次：2301

包装：礼盒包装（专用棉纸，专用礼盒，1饼/盒，配手提袋）；中提盒包装（专用棉纸，通用纸袋，专用中提盒，7饼/袋/盒）

审评结果：

外形：饼形周正大气，条索肥硕苍劲，银毫流光

汤色：蜜黄明亮

香气：花香浓郁，蜜意丰盈，果甜香馥郁

滋味：香甜饱满，醇厚内敛，协调有力，回甘生津迅猛，喉韵悠长

叶底：色泽黄绿，芽叶舒展，肥嫩鲜活，韧性佳

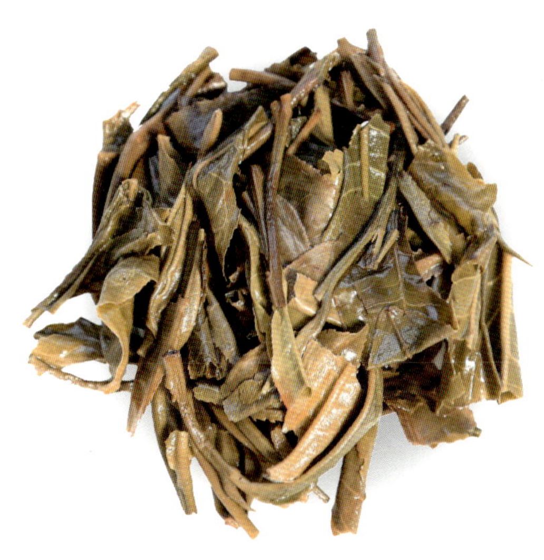

传奇九号

产品介绍：

本品是“大益茶 × 易建联”的联名新品，是“顶流＋顶流”的爆款产品，是打破常规、激发新能量的传奇之味。

传奇九号，传奇阿联！包装设计巧妙，棉纸版面为一个篮球，阿联身着大益普洱九号球服、手持篮球的剪影居其正中。坚毅有力的背影，是阿联挥洒汗水的每一个瞬间，也是与赛场告别的不舍。“易建联背影、传奇九号、大益”几个元素组成的整体图案似一枚勋章，是阿联的时代勋章，也是大益茶的辉煌勋章。礼盒采用天地盖，恢宏大气，黑色底版，烫金勾线，黑金配色极具高级感，神秘而有力量，配套同款精美手提袋，细节之处尽显品质。

357g传奇九号

产品介绍：

本品精选布朗山大树茶为原料，经入选国家级非物质文化遗产名录的“大益茶制作技艺”精制而成，烟香浓郁，醇厚回甘。

重量：357g/饼

批次：2301

包装：礼盒包装（专用棉纸，专用礼盒，1饼/盒，配手提袋）

审评结果：

外形：饼形圆润饱满，茶条肥硕清晰，银毫突显

汤色：橙黄明亮

香气：烟香浓郁，蜜甜香持久

滋味：浓醇有力，苦涩强烈，醇厚回甘，余味悠长

叶底：绿黄匀润

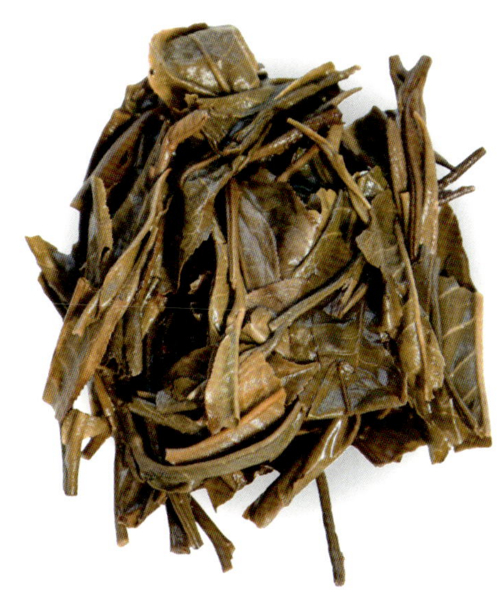

999g传奇九号

产品介绍：

布朗古树，限量典藏；独门配方，精美呈现；鎏金岁月，绽放荣耀；7年光阴，陈化生香；品味传奇，品味不凡；传奇不朽，韧劲十足。本品精选布朗山核心产区古树茶为原料，经入选国家级非物质文化遗产名录的“大益茶制作技艺”精制而成，时光赋予神韵，锤炼塑造英姿，9号演绎传奇！传奇九号，限量发行，专属编号，独一无二，薪火相传，时光典藏！

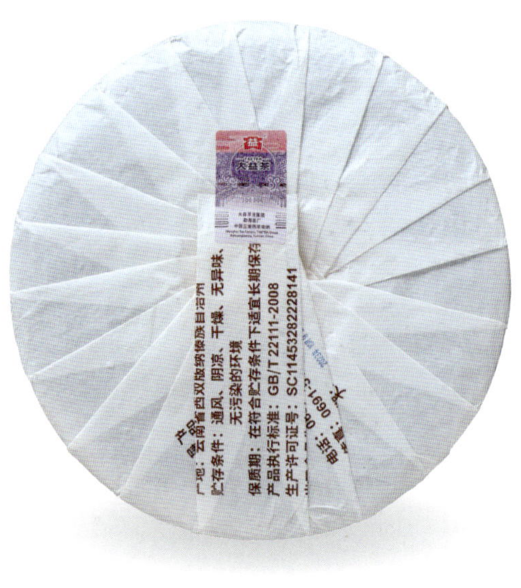

重量：999g/饼

批次：2301

包装：礼盒包装［专用棉纸（折叠包法），棉纸上喷收藏号0000~2000，专用礼盒，1饼/盒，配手提袋，专用外箱成件］

审评结果：

外形：饼形周正大气，茶条陈润，银毫铺面

汤色：橙黄润亮

香气：烟香显著，蜜香陈韵，馥郁持久

滋味：浓强劲道，层次丰富，苦感易化，回甘厚而绵久，生津强烈迅速，回味悠长

叶底：色泽绿黄，芽叶舒展，匀润鲜活

百承薪火

产品介绍：

1973 年，勐海茶厂人工渥堆发酵技术试验成功，普洱熟茶时代正式开启，该技术在普洱茶发展历程中具有里程碑意义，彻底改变了普洱茶发展的进程，引领了消费的需求。至今 50 余载，大益发酵技术，薪火相传，不断突破。

明年再有新生者，十丈龙孙绕凤池。百承薪火以代表南方位的朱雀与传统中式火纹融合，形成主要的视觉元素。在色彩方面，选用了鲜艳的传统柿红色作为主要配色，这是一种略带橙调的红色。朱雀翩翩起舞，翅膀带动着火焰，柿红色的鲜亮，旨在传达阿联薪火相承的炽烈精神，以及热情和传承价值。

本品采用勐海高山原料，经入选国家级非物质文化遗产名录的“大益茶制作技艺”精制而成，历经 12 年时光醇化，金毫细茶，发酵适度，糖香浓郁，甜润饱满。

重量：357g/ 饼

批次：2301

包装：礼盒包装（专用棉纸，专用礼盒，1 饼 / 盒，配手提袋）；中提盒包装（专用棉纸，通用纸袋，专用中提盒，7 饼 / 袋 / 盒）

审评结果：

外形：饼形圆润饱满，松紧适度，金毫显露

汤色：红浓透亮

香气：糖香浓郁，带陈甜香

滋味：醇厚饱满，甜润稠滑

叶底：褐红润泽，匀整

百折不回

产品介绍：

大益熟茶发酵至今50余载，研发团队不断创新、突破，对熟茶微生物群落采用高通量测序、大数据分析技术、纯培养技术、色谱层析技术、波谱检测分析技术等手段研究分析，创制成功“微生物制茶法”。

千淘万漉虽辛苦，吹尽狂沙始到金。百折不回以代表北方位的玄武与传统中式水纹融合，形成主要的视觉元素。在色彩方面，选用了鲜艳的传统靛蓝色作为主要配色，这是一种国画中山石水波的主要颜料。玄武威临水面，其庞大的身躯带动着水流汹涌，寓意着阿联百折不挠的顽强精神，以及坚韧与执着价值。

本品采用勐海高山原料，利用“微生物制茶法”精制而成，菌香明显、滋味醇厚、入口甜醇，富含小分子发酵茶多酚。

重量：357g/饼

批次：2301

包装：礼盒包装（专用棉纸，专用礼盒，1饼/盒，配手提袋）；中提盒包装（专用棉纸，笋壳扎筒，专用中提盒，7饼/筒/盒）

审评结果：

外形：饼形圆润饱满，松紧适度，金毫显露

汤色：红褐

香气：菌香浓郁，带陈甜香

滋味：醇厚甜醇，甜润稠滑

叶底：红褐润泽，匀整

9号普洱（生茶）

产品介绍：

本茶品精选云南大叶种晒青毛茶为原料，经入选国家级非物质文化遗产名录的“大益茶制作技艺”加工而成，历经5年时光自然醇化，蜜香显著。

审评结果：

重量：36g（3g/袋 ×12袋）	外形：条索紧细，色泽墨绿油润，银毫显露
类别：三角泡	汤色：橙黄明亮
包装：盒装	香气：花蜜香纯正
	滋味：醇和，花蜜香入汤，回甘生津持久
	叶底：色泽黄绿，嫩匀

9号普洱（熟茶）

产品介绍：

本茶品精选云南大叶种晒青毛茶为原料，经入选国家级非物质文化遗产名录的“大益茶制作技艺”发酵、加工而成，历经7年时光自然醇化，陈甜显著。

重量：36g（3g/袋 ×12袋）
类别：三角泡
包装：盒装

审评结果：

外形：条索紧细，色泽褐红较润，显金毫
汤色：红浓明亮
香气：陈香纯正
滋味：醇滑甜润
叶底：色泽红褐，嫩匀

大益金柑普—小青柑（禧玺青柑）

产品介绍：

本品采用具有“千年人参，百年陈皮”之美誉的“中国陈皮之乡”的新会柑与大益普洱茶为原料，不添加食品添加剂，经拼配加工而成。

本品融合了云南普洱茶特有的醇厚、甘香、爽滑之韵，与新会柑清醇的果香之味，两者相互吸收，互相融合，互为表里，从而形成了风味独特、韵味十足的大益金柑普。

重量：216g/盒

类别：新会柑普洱茶

包装：盒装

审评结果：

汤色：红浓明亮

香气：柑香浓郁

滋味：醇厚爽滑，清香回甘

叶底：色泽红褐，嫩匀、紧细

大益茶庭产品

“奈娃家族”联名系列

产品介绍：

该系列产品以“奈娃家族”IP为灵感开发创作，奈娃家族五只狗狗性格各异，我们共开发了五款风味，涵盖生、熟茶的多风味拼配，分别对应五只小狗的性格特点，以天然花草入茶，精心研配，用全新风味来满足当代年轻消费者的饮茶新需求。同时，该系列产品热泡、冷萃均可，解锁了更多饮茶新方式。

该系列均采用玉米纤维的茶包材料，食品级、可降解、环保又安全；采用可多次密封的马口铁罐罐装，盖内附有食品注胶圈，采用食品级易拉盖，多层密封，锁住新鲜。

悠扬金桂（普洱生茶袋泡调味茶）

配料：云南普洱茶（生茶）、茉莉花茶、桂花、重瓣红玫瑰

重量：36g/ 罐（3g×12 袋）

包装：密封铁罐多泡装（24 罐 / 件）

审评结果：

外形：茶叶条索匀净，花叶辅料研磨细碎均匀

汤色：金黄，清澈明亮

香气：有兰花香、桂花香、玫瑰香，香气高扬持久

滋味：醇和香甜，轻微涩感，有回甘

清灵茉叶（普洱生茶袋泡调味茶）

配料：云南普洱茶（生茶）、茉莉花茶、香茅、茉莉花、薄荷

重量：36g/罐（3g×12袋）

包装：密封铁罐多泡装（24罐/件）

审评结果：

外形：茶叶条索匀净，花叶辅料清晰匀净

汤色：金黄，清澈明亮

香气：茉莉香、兰花香、柠檬香，香气饱满清爽

滋味：清凉甜润，轻微涩感，有回甘

馥郁玫花（普洱熟茶袋泡调味茶）

配料：	云南普洱茶（熟茶）、重瓣红玫瑰、薄荷、桂花
重量：	36g/ 罐（3g×12 袋）
包装：	密封铁罐多泡装（24 罐 / 件）

审评结果：

外形：	茶叶条索匀净，花叶辅料清晰匀净
汤色：	橙红，清澈明亮
香气：	玫瑰花香、桂花香、薄荷清香，香气馥郁饱满
滋味：	醇和饱满，甜润顺滑

花漾陈皮（普洱熟茶袋泡调味茶）

配料：云南普洱茶（熟茶）、橘皮（陈皮）、百合、桂花

重量：36g/ 罐（3g × 12 袋）

包装：密封铁罐多泡装（24 罐 / 件）

审评结果：

外形：茶叶条索匀净，花叶辅料清晰匀净

汤色：橙红，清澈明亮

香气：陈皮果橘香、桂花甜香，香气饱满沉稳

滋味：醇和饱满，甜润顺滑

雅润槐菊（普洱熟茶袋泡调味茶）

配料：云南普洱茶（熟茶）、槐花、百合、杭白菊

重量：36g/罐（3g×12袋）

包装：密封铁罐多泡装（24罐/件）

审评结果：

外形：茶叶条索匀净，花叶辅料清晰匀净

汤色：橙红，清澈明亮

香气：菊花香、甜药香，香气雅致柔和

滋味：醇和饱满，甜润顺滑

福满四季小青柑（双罐礼盒）

产品介绍：

该产品设计整体采用中国红的经典配色，以“福满四季”作为产品核心主题贯穿其中，礼盒使用中国经典的对开门结构，端庄大气，设计中运用了中式经典的窗花、钱币、烟花、灯笼等原素，以扁平的现代设计手法展现，另内藏数个词汇用以表达美好祝愿，盒外包裹专属封套，仪式感满满。

产品内罐使用中式方形铁罐的形式，细节质感十足，份量满满，在红金氛围的基础上，增加了核心产品小青柑的专属绿橙图形配色，碰撞之间，意趣盎然，铁罐正反均有专属“福满四季”图形字样，表达满满的祝福。

此外专门为该产品独立设计胖“福”字样，生动可爱，手提礼袋、封套、礼盒、内袋多个层次结合运用，突出展现了福气满满的寓意。

重量：216g（10.8g×10 袋 ×2 罐）

包装：双马口铁罐礼盒装（8 盒 / 件）

审评结果：

外形：柑果球形饱满紧实，泛白霜；熟茶细嫩显毫，清晰匀整

汤色：红亮

香气：柑香清鲜高扬，伴有熟茶甜香

滋味：清香甜润，醇和爽滑

叶底：柑皮柔软有韧性，茶叶柔嫩匀净

大益膳房产品

飞天颂

产品介绍：

中华敦煌，世界飞天，是民族的，更是世界的。以敦煌莫高窟第329窟藻井图为背景的大益【飞天颂】将成为中国茶走向世界的重要文化载体！

本品精选布朗山古树茶为原料，历经9年时光自然醇化，再经入选国家级非物质文化遗产名录的“大益茶制作技艺”精制而成。

重量：999g/饼

批次：2301

包装：专用棉纸，专用礼盒，1饼/盒，单盒成件，专用纸箱

审评结果：

外形：饼形圆整厚实，乌润霸气，条索劲道有力，银芽壮硕显毫

汤色：橙黄油亮，琥珀色

香气：烟香高级悠远，陈香馥郁持久

滋味：浓酽饱满，苦涩协调，厚重顺滑甘润，回甘生津迅猛，喉韵悠长

叶底：舒展柔韧，肥厚硕实

芙蓉圆茶

产品介绍：

产品主画面选取唐文学馆《十八学士春宴图》部分画面，展示唐时文人赏月、品茶的欢聚场景。

本品精选云南大叶种晒青毛茶为原料，经入选国家级非物质文化遗产名录的“大益茶制作技艺”发酵、精制而成。

本品于 2023 年面市。

重量：357g/ 饼

批次：2101

包装：专用棉纸，通用纸袋，专用中提，7 饼 / 袋 / 提，专用外箱 15kg 成件

审评结果：

外形：饼形圆润饱满，显金毫

汤色：红浓明亮

香气：甜香浓郁带糖香

滋味：甜润顺滑

叶底：色泽红褐，较匀，稍显梗

见喜龙珠

产品介绍：

本产品主要针对婚宴市场，是以快销方式进入传统婚宴席面的伴手礼。每盒装入一生一熟两颗龙珠，使以往婚宴单一的糖果盒增加了新的活力。

见喜龙珠生茶精选云南大叶种晒青毛茶为原料，经入选国家级非物质文化遗产名录的“大益茶制作技艺”加工而成，小巧精致。

见喜龙珠熟茶精选云南大叶种晒青毛茶为原料，经入选国家级非物质文化遗产名录的“大益茶制作技艺”发酵、精制而成，小巧精致。

重量：8g/颗 ×2颗/盒

批次：2301，2302

包装：360盒/件，通用外箱5.76kg成件

生茶审评结果：

外形：小巧浑圆，条索清晰，显白毫

汤色：黄亮

香气：花甜香馥郁持久

滋味：醇正香甜，协调饱满

叶底：色泽黄绿，稍显嫩茎

熟茶审评结果：

外形：小巧浑圆，条索匀整，显金毫

汤色：红浓明亮

香气：糖香浓郁

滋味：醇和甜润，协调顺滑

叶底：褐红匀嫩

微生物公司产品

益原素纯茶礼盒

产品介绍：

智能发酵，纯净有益！

健康茶礼，原料采用大益智能发酵技术制成；礼盒由 1 饼熟茶和 2 盒茶晶组成，满足不同的品饮场景和需求；黑金配色，经典大气，送礼佳品。

产品规格：

益原素饼茶（150g）×1+ 茶晶（21 袋 / 盒）×2

益原素（饼茶）

重量：150g/ 饼

批次：2301

包装：专用棉纸

审评结果：

外形：饼形圆润，干茶条索壮硕，金毫显露

汤色：红浓透亮

香气：浓郁菌香，焦糖香

滋味：醇厚、顺滑

叶底：红褐匀整，发酵适中

益原素普洱茶晶

规格：0.5g×21 袋 / 盒

配料表：普洱熟茶（益原素）

饮用方法：将每袋茶晶倒入 200~300mL 冷水或者热水中，入水即溶，自由随享

口感特点：自然陈香，糯、厚、滑、陈、醇的老茶口感，温润醇厚，暖胃舒畅

益原素散茶

产品介绍：

该产品甄选核心产区茶叶为原料，以大益第三代智能发酵技术制作而成。优选菌株，可控“菌方发酵”，纯净无杂，菌香显、细腻醇滑。

重量：6g×10袋/盒

批次：2301

包装：盒装

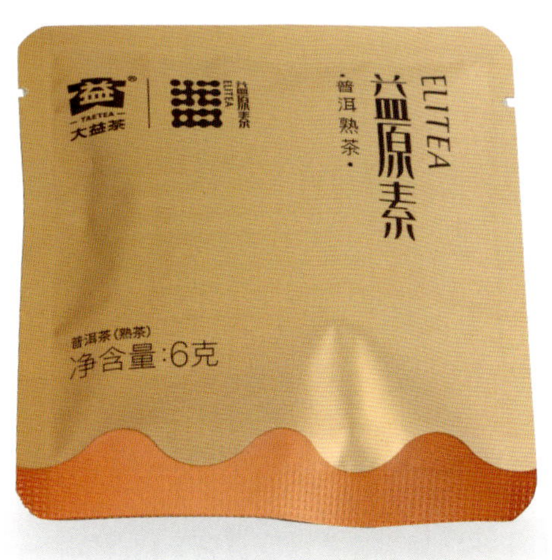

审评结果：

外形：金毫显露，壮硕有力

汤色：深红透亮

香气：菌香浓郁带枣甜香

滋味：醇厚顺滑，干净纯粹

叶底：色泽褐红，匀整、质地柔软

茶器篇

CHA QI PIAN

紫玉金砂

泥料：紫泥

容量：250mL

产品介绍：汉云壶为顾景舟原创壶型，做工精湛，造型严谨，气势稳重，壶体曲线流畅，富有古朴典雅的艺术魅力。壶身以圆形线条为主，舒展而稳定，壶把呈螭龙形，壶盖为嵌盖工艺，盖面严丝合缝。

曼生石瓢壶

泥料：段泥

容量：170mL

产品介绍：曼生十八式壶型之一，壶身呈金字塔形，丰润饱满，壶嘴为直筒形，出水有力，壶钮为拱桥造型，壶身铭文字形清秀，金石味浓。

泥料：紫泥
容量：150mL

产品介绍：曼生十八式壶型之一，该壶以文人的审美为标准，把书法的飘洒、金石的质朴，有机地融入到紫砂壶艺之中，造型简洁，古朴风雅。

泥料：紫泥
容量：175mL

产品介绍：曼生扁石壶是文人壶中颇具代表性的造型。壶身为扁圆造型，对称和谐，壶嘴与壶把形制讲究，各有特点。其中“石”与“时”同音，寓意时来运转。

泥料：段泥

容量：165mL

产品介绍：曼生葫芦壶是曼生十八式中经典器型，属文人壶式，葫芦与“福禄”谐音，是招财纳福官运亨通的吉祥物。曼生葫芦壶形制设计极富创意，整体造型呈葫芦状，壶流微微上翘，圈形壶把似藤蔓一般自然内收，壶盖顶端的壶钮扣以小环，拨动生响，横生妙趣。

泥料：紫泥

容量：265mL

产品介绍：云肩如意壶是顾景舟大师所创的经典壶式之一，此壶器型稳重，采用回纹和如意纹装饰，回纹装饰于口盖的边沿，堆塑的如意纹饰于肩部，搭配肩上凸起的环线，更显精致，也体现出匠人技艺的精湛，宝珠式壶钮与外撇三足相呼应，在视觉上起到整齐、流畅的效果。

宝兔迎财紫砂壶

泥料：紫泥
容量：160mL

产品介绍：此壶以兔生肖为概念设计而成，造型新颖，憨态可掬。整体线条动态有如蹲坐的兔子，这种蓄势待发的状态，紧扣宝兔迎财的主题，又隐喻韬光养晦、厚积薄发的精神。泥料色泽朴拙，触感温润如玉，大方古雅，泡养日久愈呈红润质朴之色。

宝兔迎财紫砂壶

泥料：朱泥
容量：160mL

产品介绍：此壶以兔生肖为概念设计而成，造型新颖，憨态可掬。整体线条动态有如蹲坐的兔子，这种蓄势待发的状态，紧扣宝兔迎财的主题，又隐喻韬光养晦、厚积薄发的精神。泥料柔和温润，色泽朱红略泛橘光，触感细腻，泡养后沉稳温润，易现包浆之美。

泥料：紫泥

容量：200mL

产品介绍：壶身自上而下逐渐舒展，线条简洁明了，视觉上极具张力。平嵌盖与壶身融为一体，口盖处理严丝合缝，壶钮与壶身相互映衬。壶铭：“久晴何日雨，问我我不语；请君一杯茶，柱础看君家。”格调高雅、耐人寻味。金石篆刻与紫砂壶的结合，增添了紫砂壶的书卷气和艺术价值，更显文人气韵。

泥料：紫泥

容量：200mL

产品介绍：此壶名为容天，视觉上沉稳大度，质朴中见深厚。其独特的圆融、朴拙的气韵和实用性广受紫砂爱好者喜爱。壶身丰腴饱满，壶盖呈半球状，饱满有张力。直流壶嘴，耳形壶把，平添憨态可掬之姿。泥料细腻纯净，烧制后色泽深沉，精心泡养后油润感十足。此壶取材于佛教中的大肚罗汉，寓意“肚大能容天下事”，有容纳天下之意。

泥料：朱泥
容量：180mL

产品介绍：此壶名为容天，视觉上沉稳大度，质朴中见深厚。其独特的圆融、朴拙的气韵和实用性广受紫砂爱好者喜爱。壶身丰腴饱满，壶盖呈半球状，饱满有张力。直流壶嘴，耳形壶把，平添憨态可掬之姿。泥料色泽素雅，触感温润如玉，泡养日久愈呈红润质朴之色。此壶取材于佛教中的大肚罗汉，寓意“肚大能容天下事”，有容纳天下之意。

泥料：紫泥
容量：260mL

产品介绍：汉瓦壶是经典传统圆器，有着简洁明快的特点，大口直身桶，是为实用而制。壶身呈圆柱型，口径比底径略大，上宽下窄，且腹部微鼓，圆润饱满，富有张力；壶盖端正，桥形壶钮，钮面开孔呈海棠纹样，既有复古之美，更便于抓取。广口大盖，出水流畅，有沉稳大气之势。

正益紫砂罐

泥料：紫泥

高 ：162mm

直径：135mm

产品介绍：采用竹节元素设计而成，竹子沿着竹节层层生长，寓意节节高升、蒸蒸日上。罐身两侧分别刻绘大益茶 logo 及“茶有益，茶有大益”图案，构图完整，意境深远。罐子大小适中，刚好满足一饼 357g 撬散茶的容量；大开口设计，存茶取茶非常方便；盖沿突出的圈线便于盖子抓握，不易脱手。泥料砂粒丰富且分布均匀，其独特的双气孔结构具有良好的透气性和防潮性，能更好存茶、醒茶，使茶叶的冲泡口感更佳。

陶瓷茶具

泥料：高岭土
容量：150mL

产品介绍：宝兔迎财盖碗器型可爱灵动，盖、碗、托上下承接，有天地人和之意。碗口为撇口设计，出汤顺畅不烫手，盖钮、碗口、底托的金线，更显轻盈灵动，增添高贵气质。碗身图案是以葫芦为原型延展为福禄百宝囊，周身挂满铜钱、珠宝、元宝装饰，宝兔迎财字体内部镶嵌铜钱图案，寓意财运亨通。

宝兔迎财品茗杯

泥料：高岭土
容量：80mL

产品介绍：宝兔迎财品茗杯材质细腻，通透度高，釉面光洁，手感温润。杯身图案为一只神兔御驾东方茶叶，腾空而起，迎接财富，寓意宝兔迎财，福禄自来。杯型线条优美，杯身聚香特点明显，杯口外撇贴合唇部曲线，杯口及杯足描金增添精致感。

宝兔迎财·盖碗套组

泥料：高岭土

容量：150mL、80mL

产品介绍：宝兔迎财盖碗套组材质细腻，通透度高，釉面光洁，手感温润。装饰挂满铜钱、珠宝的福禄百宝囊，和一只神兔御驾东方茶叶，腾空而起，迎接财富，寓意财运亨通，宝兔迎财，福禄自来。

宝兔迎财陶瓷壶（白釉）

泥料：高岭土

容量：160mL

产品介绍：此壶以兔生肖为概念设计而成，造型新颖，憨态可掬。整体线条动态有如蹲坐的兔子，这种蓄势待发的状态，紧扣宝兔迎财的主题，又隐喻韬光养晦、厚积薄发的精神。釉面呈乳白色，经高温烧制后温润细腻，同时釉面光泽内敛，不张扬，很好地表现出兔子温顺可爱的特点。

宝兔迎财陶瓷壶（青釉）

泥料：高岭土
容量：160mL

产品介绍：此壶以兔生肖为概念设计而成，造型新颖，憨态可掬。整体线条动态有如蹲坐的兔子，这种蓄势待发的状态，紧扣宝兔迎财的主题，又隐喻韬光养晦、厚积薄发的精神。采用景德镇传统青釉制作，釉色青绿，釉面呈乳浊质感，温润细腻。青绿釉色具有非常强烈的色彩感染力，其独特的釉色与兔壶相结合，有一种古典高雅的艺术气息。

斗彩江崖海水仙鹤纹两才盖碗

泥料：高岭土
容量：140mL

产品介绍：产品采用景德镇传统制瓷工艺"手工拉坯""手工修坯"成型，画面采用"斗彩手绘"工艺，先以青花料勾画轮廓线，上釉烧成后再用釉上彩料绘制其留白部分，然后入窑烧制而成。釉上彩和釉下青花相结合，画面层次分明，产品经高温烧制而成，胎体温润如玉。碗口外撇，弧腹，圈足，碗身正面绘仙鹤翱翔于福山寿海之上，三只仙鹤姿态各不相同，碗心青花双线内绘有福山寿海图案，底款落"益工佳器"青花四字款。

汝窑天青釉斗笠杯

泥料：高岭土
容量：70mL

产品介绍：釉面呈天青色，色泽青翠，随光变幻犹如“雨过天晴云破处”之美妙，莹润纯净。青中透出淡淡红晕，随造型的转折呈现浓淡深浅的层次变化。大口，直身，形似斗笠，杯口手工雕刻五瓣花口。

汝窑天青釉公道杯

泥料：高岭土
容量：240mL

产品介绍：釉面呈天青色，色泽青翠，随光变幻犹如“雨过天晴云破处”之美妙，莹润纯净。青中透出淡淡红晕，随造型的转折呈现浓淡深浅的层次变化。公道杯造型简约，线条优美，持握舒适。出水顺畅，断水利落。

汝窑天青釉壶承

泥料：高岭土
高　：30mm
直径：170mm

产品介绍：釉面呈天青色，色泽青翠，随光变幻犹如“雨过天晴云破处”之美妙，莹润纯净。青中透出淡淡红晕，随造型的转折呈现浓淡深浅的层次变化。敞口，浅腹，圈足，口沿微微外撇，造型规整，古朴大方，透出古韵之美。

汝窑天青釉元宝盖碗

泥料：高岭土
容量：130mL

产品介绍：釉面呈天青色，色泽青翠，随光变幻犹如“雨过天晴云破处”之美妙，莹润纯净。青中透出淡淡红晕，随造型的转折呈现浓淡深浅的层次变化。形似元宝，肚子略鼓，适宜茶叶闷泡，利于凝香聚气。

云起盖碗

泥料：高岭土

容量：120mL

产品介绍：盖碗造型简洁，线条利落大方，直线与曲线的运用，显得舒缓明快又极具张力，盖、碗、托上下承接，有天地人和之意。祥云以浮雕的形式与盖碗融为一体，简洁之中透着高贵优雅。碗口外撇，出汤顺畅不易烫手。云形盖钮和祥云浮雕相互映衬，协调统一，给人一种祥和、宁静的感觉。云纹浮雕经过手工修饰，线条生动，层次分明。盖钮和圈线部分手工描金，增添高贵气质。祥云图案是中国传统文化中的吉祥象征，寓意幸福美好。同时“坐看云起时”，也表达了一种豁达、顺势而为的人生境界。

云起套杯

泥料：高岭土

容量：70mL

产品介绍：造型简洁，线条利落大方，直线与曲线的运用，显得舒缓明快又极具张力。祥云以浮雕的形式与杯托融为一体，简洁之中透着高贵优雅。杯身质地轻薄，杯口外撇更好的吻合嘴唇。高挑的杯托不仅便于拿取，和品茗杯搭配使用更显沉稳大气。云纹浮雕经过手工修饰，线条生动，层次分明。口沿部分手工描金，增添高贵气质。祥云图案是中国传统文化中的吉祥象征，寓意幸福美好。同时“坐看云起时”，也表达了一种豁达、顺势而为的人生境界。

茶性篇

CHA XING PIAN

金秋韵味之南国秋韵

◎李 励

金秋时节，南国大地沐浴在温暖的阳光中，丰收的喜悦弥漫在每一个角落。而在这收获的季节里，一杯来自澜沧江流域的5年陈谷花茶，更是将南国的秋韵诠释得淋漓尽致。这款茶品，精选澜沧江流域的优质谷花茶为原料，经过岁月的沉淀，如今已散发出独特的香醇气息。在南方生活几十载，看到这饼“南国秋韵”金黄的版面，突然想到北方的秋天。随即启程，带着这饼“南国秋韵”一起去观赏北国的秋天。

南国秋韵饼形圆润，条索壮实，黑条白芽，宛如一件精美的艺术品，每一道工序都凝聚了匠人的心血与智慧。而它的内质更是让人惊艳，汤色深黄明亮，莹润有光，仿佛凝聚了秋日的阳光与温暖。秋茶的优缺点尤为显著，但通过大益的拼配工艺，或美其形，或匀其色，或提其香，或浓其味，让茶叶的口感更加饱满协调，综合品质更佳，让秋韵发挥到极佳。茶香馥郁芬芳，蜜香高扬，花香萦绕，香韵满秋，每一口都让人仿佛置身于南国的金秋之中。品饮这泡茶时，我正站在东北金色的稻田中；稻田收获的气息与茶汤一同入口，香醇饱满的口感瞬间充盈整个口腔。苦涩协调，回甘生津迅速，让人忍不住一口接一口地品尝。这种美妙的品饮体验，让人沉浸在秋日的宁静与美好中久久不能自拔。

醒茶两道，投茶10g。

第3~5泡：汤色深黄明亮；蜜香花香浓郁；茶汤醇润饱满，口齿留香，回甘生津快速酣畅；

第9~10泡：汤色黄明清亮；花甜香、清香持久芬芳；茶汤甜润，回味悠长。

品过10道茶汤，身心舒缓，入眼是金色的麦田，入口是回味悠长的茶香；身处北国，又忽而想起南方的秋日风光；南国的秋天，与北方截然不同。没有金黄的落叶，没有萧瑟的秋风，却有着别样的韵味，而这份韵味，在这饼“南国秋韵”中得到了淋漓尽致的体现。

而茶，也仿佛是南国秋天的使者，以其独特的香气和口感，诉说着这个季节的故事。

茶，是生活的一部分，也是生活的一种态度。在秋天，与三五知己一起品茶、聊天，享受着这份难得的宁静与惬意，何其美哉！

在这个金秋送爽的季节里，因为有了茶，而变得更加韵味十足。茶，也因为有了这浪漫的祖国的秋天，而散发出更加迷人的香气。我们品尝着这款来自澜沧江流域的5年陈谷花茶，感受着它带来的香醇与喜悦。愿岁月善待你我，让每一个努力的日子都能收获满满的成果。愿金色的丰收酝酿着我们的梦想与希望，让我们都能如愿以偿地迎接美好的未来。

大益7542，永远的情怀

◎杨 诺

1993年，我有幸参加了第一届昆交会的布展和相关的交易活动，昆交会是在昆明举办的面向东南亚国家的进出口交易会，目的是开拓中国和东南亚各国的经济联盟，从这次会展开始，我们的产品逐步走出云南、走出国门。茶叶也是昆交会主推的重要产品，在此期间给我留下了非常深刻的印象。

我于1999年开始进入茶行业，那年正好是在昆明举办世界园艺博览会，我觉得云南作为植物王国，世界茶树的原产地，我们有这么好的产品，应该可以用好品质的茶叶给来昆明的客人留下深刻的口腔记忆，当时在云南的茶叶零售主要以绿茶、红茶为主，普洱茶也有一定的销售，但是量比较少，而且主要以熟茶饼和熟散茶为主，生茶的销量其实是比较小的。

2002年，我在当时的诺玛特超市附近开店，我的店对面有个四星级酒店，周边的客户群体有一定的购买力，我发现很多广东来的客户喜欢普洱茶，尤其是有年份的，有些客户回广东后经常会联系我给他们发普洱茶，很多会指定要大益的7542和7572，当时的大益茶相比绿茶和红茶来说是比较便宜的，所以我也会购入不同年份的大益茶做销售，同时我们也学习品鉴大益茶的口感风格，经常喝的生茶就是7542，我们发现年份久的7542口感要好于新的7542，这和绿茶是完全不同的，绿茶一般要当年销售完，否则会出现汤色浑浊，口感明显变差的情况；而大益的茶是时间越久就越好喝，汤色也比较透亮。

2004年底，勐海茶厂改制成功，从2005年初，大益商标的产品开始在昆明市场流通，之前中茶标的产品就不再生产了。新生产的产品的包装模式发生了较大的变化，产品的信息更齐全，产品的

名称标识更容易辨认，7542、7572、8582、8592、7262、乌金号、金色韵象等优质产品进入了大众的视野并得到了广大茶行业从业者的认同。

在经历了2006—2007年的普洱茶发展和冷静的过程，我在思考，普洱茶的方向在哪里？作为从业者应该怎么选择普洱茶的品牌？带着这些迷茫和不解，2007年我多次去到了当时普洱茶生产量比较大的几个茶厂，从文化传承、产品品质、领导队伍的管理水平、经销商的销售实力等进行了多方位的深入了解，通过这种深入的对比，只有勐海茶厂深深打动了我，它不同于传统的茶企，它有先进的理念，是有品牌意识的先进茶企，这是一支有文化传承、有人才储备、有实干巧干能力的团队，因此我毅然决定，把大益茶作为我唯一的事业。

虽然做了多年的茶叶，也有一定的管理经验，但是刚刚全力进入大益茶销售的我，还是感觉比较吃力，我选择的路是零售和批发同步，店面是零售，而我就去各个茶叶店推销大益茶，在推销的过程中，一次次的被拒绝，一次次的碰壁，当时很多客户只接受熟茶，不接受生茶，尤其是有很多茶店老板来自于产茶区，自己家里就有很多茶树，对于拼配的理念不认同，那怎么打破这个认知？当时大益茶的主力生茶是7542，所以，我在车上随时带着好几个年份的大益7542茶样，同时也带上几件同批次的7542，每到一个茶店，先喝茶，同时谈大益茶的品质、谈大益茶的品牌、谈大益茶的管理，谈如何把大益茶一片一片的卖出去，也许是精诚所至，逐渐有茶店老板找我购买7542，到后来越来越多，大家在销售的过程中看到，大益茶生茶确实是不光能卖出去，还会有回头客，信心就会越来越强，现在有一些大益店的老板就是我当年送货推销时逐渐转型过来的，谈起这些，是时代和大益茶给了我新的奋斗天地，也给了我归宿感。

大益7542，是每一个大益茶人心中永远抹不去的情怀，在勐海茶厂的历史长河中，大益茶成为了今天茶叶市场的中流砥柱，也是千千万万爱茶人的心头爱。

从1975年开始，普洱茶史上留下了众多7542的印记，传奇色彩的“88青”、1997年的“水蓝印”、1999年的“傣文青”、2005年的“白布条”，2009年的“蓝宝石”，2019年的“状元饼”，2020年的“翡翠饼”。

还有就是2023年的7542，即2301批次的7542，该茶整件采用了笋壳竹框的传统包装，每一件都配有红丝带系的贝叶经典传承标签，整件为6提，共42饼，茶饼的包装使用了特殊的红色版面，版面之上共有九个有特殊意义的年份环绕着大益Logo，我想这会不会是传说中的九九归一？其实也彰显出2301批次7542的特殊和尊贵。

开汤品饮2301批次7542，茶饼条索清晰、松紧适度，闻干茶茶香丰富沉稳，茶汤入口花果香明显，略有苦涩，但苦涩能化开，挂杯香比较明显，既有入口鲜爽的感觉，又有老茶拼入后的陈香，总体协调性很好。是一款可品可藏的好产品。

尤其值得一提的是，大益集团对每家经营了十年以上的专营店都奖励了一件十年特藏7542，充分体现了集团对一直跟随大益的专营店的爱护和关怀！

在从事茶行业的二十多年里，我们见证了普洱茶天翻地覆的变化，见证了它带给我们的快乐和愉悦，见证了客户群体对它的认可，也品味了时间对普洱茶的升华，我们经常说，普洱茶是品茶人、爱茶人最后的归宿，我相信，把大益茶带入千家万户，“让天下人尽享一杯好茶的美好时光”的愿景一定会实现！

印象版纳，印象普洱

◎江丽娜

在中国传统文化里，“七”是阴阳与五行之和，与“善”、“美”有着密切关系。在中国人的数字观里，数字“七”还代表着富贵好运，所以在风水中，很多商人都会选择“七”这个数字，寓意着生意兴隆，财源广进。

“普洱茶”又称“七子饼茶”，很多茶客喝上普洱茶，也都是从“七子饼茶”这个名称入门的。在传统文化当中，“七”通常也被赋予“富”“多”的意思，有着“福禄双全”“多子多福”等美好寓意。普洱茶的发展历程当中，经历浮浮沉沉，这么多年了，至今在门店中依然会遇到很多进门的眼生的茶客，进来就问：“你们店里有七子饼茶吗”？我总是回答道：“当然，我们店有很多，我们是专营大益七子饼的。”

关于大益普洱茶的记忆，最早要从我的少女时代说起。上个世纪九十年代初，刚从学校毕业走向社会，在老茶人的带领下，我进入了茶行业，接触到了各式各样的茶叶，其中就有大益普洱茶。当时的普洱生茶并不受大众喜欢，又苦又涩难以入口。在港风盛行的广东，人们总是喜欢带点“潮”味的普洱（指发酵度较高的熟普），生茶成为了“弃子”。随着时代的发展，人们的生活质量变得越来越好了，追求的东西也越来越多样化。在普洱茶的选择上，大家也开始把目光转向生茶，开始为口感丰富的生茶着迷。我也是在日复一日、年复一年的经营中，在一次又一次的试茶品鉴当中，加深了普洱茶的印象。

云南省有着悠久的茶叶生产历史，是公认的茶树原产地和中国重要的茶叶生产基地。普洱茶的原料——大叶种茶树种植遍布云南省大部分地区，尤其是位于澜沧江流域的普洱市茶区、西双版纳茶区、临沧茶区和保山茶区。1953年，西双版纳傣族自治州成立，至2023年已然走过了70个春秋；大益勐海茶厂坐落于州内被誉为“普洱茶第一县”的勐海县内，值此州府成立七十周年之际，大益向全球益友献上全新好茶“印象版纳七子饼茶”。由于这款茶具有独特而沉稳的烟香，成为了我在2023年度向新老茶友极力推荐的一款好茶。

一年又一年，丰满了记忆，苍老了容颜，迎来了春光，送走了冬寒。

一年又一年，感恩大益，以茶相伴，不知不觉从事茶行业三十多年了。

有人说，人一辈子能专注于做一件事情，非常的不容易，那需要很强大的意志力。很庆幸，专注于茶，我坚持了下来！我的三十多年茶路，见证了勐海茶厂从国营企业转型为民营企业。在2004年之前，我什么茶都做，在勐海茶厂2004年10月份转型之后，我便专注于大益普洱茶，与大益茶一路同行，一路成长，经历了普洱茶的起起落落。于我而言，大益茶是我的事业，也是我的梦想！我将会一直做到老，将大益茶传承下去。

一个阳光明媚的下午，像往常一样，我在茶馆的一处茶空间里，花瓶里插上向日葵，音响里播放着喜爱的歌手徐小凤的《漫漫前路》，展布茶席，泡上一壶“印象版纳七子饼茶”，与茶友共品这盛世普洱，浓郁的茶香萦绕席间，只见他们纷纷点头，续了一杯又一杯，直至20泡仍有余韵。恰到好处的金黄茶汤，在透过纱窗的阳光照耀下，显得愈加透亮，茶友们品后无不啧啧称赞。

普洱茶的发展正如歌词中所言：“不必要怕路长，路上有你不会绝望，路上有你信念更刚。”有“印象版纳七子饼茶”等更多好茶的面市，有越来越多青睐普洱茶的茶友，相信我们会益路向阳、越来越好！

一杯茶中见人生

◎王 霞

因为父母爱茶，我从小就在茶香中长大，可以说是一个不折不扣的“茶二代”。但是说到真正与大益结缘，是由于大学期间偶然喝到的一款大益经典产品——8582，从此就深深爱上了这个茶、这个品牌，一毕业更是义无反顾地加入了大益。成功的过程从来都不可能一帆风顺。2010年，成为大益茶厦门地区渠道服务商这一年，正好是普洱茶市场低迷期，价格一跌再跌，很多普洱茶商转卖其他茶类，大家对普洱茶都谈之色变。在如此严峻的形势之下，我没有放弃，凭着对普洱茶的热爱和对大益坚定不移的信心，怀揣着念兹在兹的茶之梦，一个人踏上了来厦门的旅程，开了全福建第一家普洱茶店，道阻且长，但也挡不住梦想者的坚毅，最终为大益普洱茶在福建市场的发展开辟了一条新道路。

如今，已经拥有53家大益加盟店，在公司的引领下，大益茶在福建越做越强，越走越高。这成功背后的秘密，正如古话所说的：“一个人就像一支队伍，对着自己的头脑和心灵招兵买马，不气馁，有召唤，爱自由。”

闲时吃紧是未雨绸缪，而忙里偷闲则是一种了不起的处世智慧。在忙碌的生活中，我们也要去寻找一些乐趣来平衡自己的身心，这样才能保持一个清醒而积极的状态。

大益8582青饼是一款传统青饼，1985年第一次面世，采用5~10级粗壮新老茶青拼配，滋味醇浓，回甘生津，茶气足，日后转化快，一面市就深受港台茶商和茶客的喜爱，成为继7542后勐海茶厂另一款普及面极大的传统青饼。经过多年沉淀之后，8582更是成为勐海茶厂经典老五样之一，在众多产品之中占有重要的地位。

历史上首批8582，是香港南天贸易公司向云南勐海茶厂定制的七子饼茶，当时他们的要求是“长条大肉”，即条肥叶厚，特指粗壮的茶青。当首批茶饼送到的时候，却发现当中掺了不少粗叶，一问之下，原来是语言差异，在云南以为粗叶就等同于粗壮，茶厂更是特意到云南易武茶区才找到的贵价原料，本来误用粗叶茶青并不对味，但意外的是过了约五六年后，茶饼便有陈茶初期的惊喜变化，散发着易武茶区独特的茶韵，8582从此由一个错误，成为别具魅力的茶品而深受市场所爱。

2023年的8582青饼，是一款值得拥有的新批次茶品。这款茶在研发时借鉴了以往存世号级茶、印级茶的产品特征，采用传统大益版面，印着“8582”字样，简约大气。干茶圆润周正，压制松紧适度，色泽乌润油亮，条索粗壮清晰，饼面洁净度高。冲泡后，茶汤橙黄透亮，散发着蜜甜香，浅饮几口，收敛性强烈，甜香充斥整个口腔，再往后品饮，茶汤有细微层次的变化，整体协调。以上这些都展现了后期陈化的潜力。

人都说普洱茶越陈越香，一款茶每年品尝，总会有不同的惊喜，但总也不知道这惊喜要走向何方，这些又何尝不是人生的写照，未来总是不可预知，但只要坚定向前，不忘初心，以不变应万变，总能收获到不同的惊喜。

上善妙品，金刚大成

◎ 张严尹

茶，与人相遇是天人合一。

茶，与道相遇是天地人和。

茶，与佛相遇是禅茶一味。

“凡所有相，皆是虚妄。若见诸相非相，则见如来。”生长在大足石刻的我，一直沐浴着佛祖的慈悲之光，《金刚经》这句偈语自然诵读于口，铭记于心。多年来努力寻求禅茶文化，以佛法擦拭心中的烟尘，追寻本来的心性，纯粹的、毫无杂念的“金刚心”。

金刚是坚定，无惧道阻且长。金刚是坚守，传承光芒绽放，金刚是般若，究竟到彼岸。

茶应和佛法妙道，将禅意移入茶事，为众生而自观心法，如是行茶之中道。在家修行，闻香品茗，禅茶一体成为贯穿自己肉身与灵魂的本体。数十载岁月，时时刻刻探寻于以禅悟茶，茶中寻道。而遇见大益“金刚”熟茶，更让自己有种豁然开朗、相见甚欢的感觉。

茶，文化的延续；“上善妙品，金刚大成”，禅茶一味与“金刚”熟茶，有着最为契合的表达。《金刚经》讲求清净、修心、静虑，求得智能开悟生命，品茶追求平静、和谐、专心、敬意，两者同为至高宁静的境界，相辅相成，融为一体。

寻一间静谧的茶室，我轻捧一杯新沏的“金刚”熟茶，那红浓油润如赤玉的茶汤，在透过窗棂折射的光影里，闪烁着无言的诉说。杯沿还未触及唇边，便已能感受到它散发的淡淡暖意，如慈悲的手掌，抚慰着世间的劳顿与寒冷。茶香弥漫之时，仿佛置身古寺禅房，聆听佛语，清茶伴手，天人合一，万物共鸣。

品一口大益“金刚”，醇厚的茶味缓缓舒展，从舌根到喉咙，再到整个心房。这味道，带着岁月的沉稳，如同《金刚经》中所言的“一切有为法，如梦幻泡影”，让人在明白无常之余，更坚定了对真实的追求。

每一次泡饮之间，旧的茶汤渐去，新的茶香徐来，如同生命的轮回不息，却又始终坚守着那份“金刚”般的初衷与坚韧。在“金刚”的陪伴下，我与《金刚经》有了更深层次的交流，更和谐的共鸣。这样的感悟，让我在纷扰的人生路途上，学会了安静地坚守与执着。正如“金刚”两字所承载的坚毅与不屈，品茶之间，心灵仿佛也得以凝炼，变得更为强韧而明晰，禅、茶在此融为一体。

茶禅一味，犹如我的人生。回想曾走过的岁月，那些艰辛的守候、未竟的期许，似乎在这静默品茶的瞬间都找到了答案。大益“金刚”于我，不仅是一杯茶的味觉盛宴，更是一种心灵的对话。每一片茶叶，在沸水中悄然绽放，都像生命中一次次磨难与重生。而那些曾经与挫折相抗衡、与困顿较量的时刻，都在“金刚”的浸润下，化为一种从容的力量，助我笃定前行。于是，心灵的追求在这一刻变得格外明晰，仿佛告诉我生命中的一切起落，都是修行的过程，都是回归真我的机遇。

品茗时刻，清茶伴手，仿佛身处古寺禅房，听讲经说法，身心合一。 细品大益“金刚”，醇厚中散发的茶香化为满口生津的甘甜，恍若人生旅途中的起落沉浮，历经磨难之后尝到生活的甜美。细品大益“金刚”，平等、平和、淡泊自然呈现，那是一种对“自在”与“放下”的至诚追求。

品茗伺茶，每每这个时刻宁静且致远。心灵的追求，人生的目标在这一刻格外清晰，告诉我生命就是一个修行的过程，回归真我的本自具足。

如是，在自己的人生里，愿我能如“金刚”般，常怀柔软之心，不失坚定之志。

鸣 谢

本书的顺利出版，离不开集团及相关兄弟单位同事的辛勤付出，在此特别鸣谢以下单位及同事：

勐海茶业有限责任公司（勐海茶厂）　邵爱菊　蒋洁琳　谢丽波　黄娴燕　柏涵钰　段志梅　楚镇州

北京益友会科技有限公司　庄坤平　范小红　张军翔

东莞市大益茶业科技有限公司　胡荣华　詹崇梅

云南大益茶庭管理有限公司　桂海超

西安大益膳房酒店管理有限公司　师政理　李　虎

云南大益微生物技术有限公司　潘淑康　卢晓慧

集团品牌中心　董翰阳　张玉杰